高等学校计算机专业教材精选·图形图像与多媒体技术

图像处理技术案例教程

李兆锋　炎士涛　主　编

张宝剑　张丽莉　副主编

吴效莹　安金梁　编　著

清华大学出版社

北京

内 容 简 介

本书通过众多实例和上机习题,展示了 Photoshop 的各种典型应用,深入浅出地介绍了 Photoshop 的图像处理技术。全书共分 8 章,主要内容包括图像处理基础知识,绘图修饰及图像编辑,创建选区,图层的应用,蒙版与通道,色彩修饰和 Photoshop 高级功能等。本书图文并茂,实例丰富,讲解详尽,讲练结合,是初、中级读者学习 Photoshop 的首选实例教材,也是各大中专院校相关专业和社会培训班的理想培训教材。

本书封面贴有清华大学出版社防伪标签,无标签者不得销售。

版权所有,侵权必究。侵权举报电话:010-62782989　13701121933

图书在版编目(CIP)数据

图像处理技术案例教程/李兆锋,炎士涛主编.--北京:清华大学出版社,2012.10
高等学校计算机专业教材精选·图形图像与多媒体技术
ISBN 978-7-302-29899-1

Ⅰ. ①图… Ⅱ. ①李… ②炎… Ⅲ. ①图像处理-高等学校-教材　Ⅳ. ①TP391.41

中国版本图书馆 CIP 数据核字(2012)第 199346 号

责任编辑:汪汉友
封面设计:傅瑞学
责任校对:徐俊伟
责任印制:王静怡

出版发行:清华大学出版社
　　　网　　　址:http://www.tup.com.cn,http://www.wqbook.com
　　　地　　　址:北京清华大学学研大厦 A 座　　　　　　邮　　编:100084
　　　社 总 机:010-62770175　　　　　　　　　　　　　邮　　购:010-62786544
　　　投稿与读者服务:010-62776969,c-service@tup.tsinghua.edu.cn
　　　质量反馈:010-62772015,zhiliang@tup.tsinghua.edu.cn
　　　课件下载:http://www.tup.com.cn,010-62795954
印 刷 者:北京嘉实印刷有限公司
装 订 者:三河市李旗庄少明印装厂
经　　销:全国新华书店
开　　本:185mm×260mm　　　印　张:14.25　　　字　数:359 千字
版　　次:2012 年 10 月第 1 版　　　　　　　　　印　次:2012 年 10 月第 1 次印刷
印　　数:1~3000
定　　价:49.00 元

产品编号:047089-01

出 版 说 明

我国高等学校计算机教育近年来迅猛发展,应用所学计算机知识解决实际问题,已经成为当代大学生的必备能力。

时代的进步与社会的发展对高等学校计算机教育的质量提出了更高、更新的要求。现在,很多高等学校都在积极探索符合自身特点的教学模式,涌现出一大批非常优秀的精品课程。

为了适应社会的需求,满足计算机教育的发展需要,清华大学出版社在进行了大量调查研究的基础上,组织编写了《高等学校计算机专业教材精选》。本套教材从全国各高校的优秀计算机教材中精挑细选了一批很有代表性且特色鲜明的计算机精品教材,把作者们对各自所授计算机课程的独特理解和先进经验推荐给全国师生。

本系列教材特点如下。

(1) 编写目的明确。本套教材主要面向广大高校的计算机专业学生,使学生通过本套教材,学习计算机科学与技术方面的基本理论和基本知识,接受应用计算机解决实际问题的基本训练。

(2) 注重编写理念。本套教材作者群为各高校相应课程的主讲教师,有一定经验积累,且编写思路清晰,有独特的教学思路和指导思想,其教学经验具有推广价值。本套教材中不乏各类精品课配套教材,并力图努力把不同学校的教学特点反映到每本教材中。

(3) 理论知识与实践相结合。本套教材贯彻从实践中来到实践中去的原则,书中的许多必须掌握的理论都将结合实例来讲,同时注重培养学生分析问题、解决问题的能力,满足社会用人要求。

(4) 易教易用,合理适当。本套教材编写时注意结合教学实际的课时数,把握教材的篇幅。同时,对一些知识点按教育部教学指导委员会的最新精神进行合理取舍与难易控制。

(5) 注重教材的立体化配套。大多数教材都将配套教师用课件、习题及其解答,学生上机实验指导、教学网站等辅助教学资源,方便教学。

随着本套教材陆续出版,相信能够得到广大读者的认可和支持,为我国计算机教材建设及计算机教学水平的提高,为计算机教育事业的发展做出应有的贡献。

清华大学出版社

前　　言

Photoshop 是 Adobe 公司出品的全球最负盛名的,也是公认最出色的图形图像处理软件。该软件功能完善,性能稳定,使用方便,广泛应用于广告出版、网页美工、平面印刷、影楼和家庭照片处理等多个领域。近年来,随着个人计算机的普及,使用 Photoshop 的个人用户也日益增多。

本书属于实例教程类图书,通过众多实例和上机习题,深入浅出地介绍了 Photoshop 的图像处理技术。全书共分 8 章,主要内容如下。

第 1 章主要介绍了数字图像的基础知识和 Photoshop 的基本操作。

第 2 章主要介绍了绘图修饰及图像编辑的工具与知识,包括颜色设定、画笔、绘图工具、图像修饰工具、图像的恢复、工具的绘图模式、图像的裁剪与变换等。

第 3 章讲解了创建及编辑选区的相关知识。

第 4 章主要介绍了图层的应用,包括图层的基本操作、图层组、填充图层和调整图层、智能对象、图层复合、对齐和均匀分布和图层样式等。

第 5 章主要介绍了文字应用,包括文本工具、字符和段落属性、文字的变形、路径文字、文字栅格化和文字转化为选区等。

第 6 章主要介绍了蒙版和通道,包括快速蒙版、图层蒙版、剪贴蒙版、矢量蒙版以及通道基本操作、通道、蒙版及选区的关系等。

第 7 章主要介绍了图像色彩的修饰,包括图像模式转换、色调色彩调整。

第 8 章介绍了 Photoshop 的高级功能,包括滤镜、动作和自动化。

本书理论与实践相结合,图文并茂,实例丰富,讲解详尽,讲练结合。在内容编写上充分考虑到用户的实际阅读需求,通过大量具有代表性的实例,让读者直观、迅速地了解 Photoshop 图像处理的主要功能,让读者在掌握基本理论知识的同时通过实例操作进行强化,从而达到良好的学习效果。

本书由李兆锋、炎士涛担任主编,张宝剑、张丽莉担任副主编,参加编写工作的还有吴效莹、安金梁。由于作者水平有限,书中难免有不足之处敬请广大读者批评指正。本书中学习使用的教学资源可从清华大学出版社网站(http://www.tup.com.cn)本书相应页面下载使用。

编　者

目　　录

第1章 基础知识

1.1 基本概念

1.1.1 像素

在 Photoshop 中,像素(Pixel)是组成图像的最基本单元,它是一个小的矩形颜色块。一个图像通常由许多像素组成,这些像素被排成横行或纵列。当用缩放工具将图像放到足够大时,就可以看到类似马赛克的效果,每一个小矩形块就是一个像素,也可称之为栅格。每个像素都有不同的颜色值,单位长度的像素越多,分辨率(ppi)越高,图像的效果就越好。

1.1.2 关于矢量图和点阵图

矢量图是由诸如 Adobe Illustrator、Macromedia Freehand 等一系列图形软件产生的,它由一些用数学方式描述的曲线组成,其基本组成单元是锚点和路径。不论放大或缩小多少,矢量图的边缘都是平滑的,适用于制作企业标志。用矢量图做标志无论用于商业信纸,还是招贴广告,只用一个电子文件就能满足要求,且可随时缩放,而效果同样清晰。

像素图则不同,它是由诸如 Photoshop、Painter 等软件产生的,如果将此类图放大到一定程度,就会发现他是由一个个小方格组成的,这些小方格被称为像素,故此类图有像素图之称。像素图的质量是由分辨率决定的,单位长度内的像素越多,分辨率越高,图像的效果就越好。

1.1.3 图像分辨率

图像分辨率的单位是 ppi(pixels per inch,像素每英寸)。如果图像分辨率是 72ppi,就是在每英寸长度内包含 72 个像素。图像分辨率越高,意味着每英寸所包含的像素越多,图像就有越多的细节,颜色过渡就越平滑。

图像分辨率和图像大小之间有着密切的关系。图像分辨率越高,所包含的像素越多,图像的信息量就越大,因而文件也就越大。通常文件的大小是以兆字节(MB)为单位的。

1.1.4 颜色深度

颜色深度(Color Depth)用来度量图像中有多少颜色信息可用于显示或打印像素,其单位是位(bit),所以颜色深度有时也称为位深度。常用的颜色深度是 1 位、8 位、24 位和 32 位。1 位有两个可能的数值:0 或 1。较大的颜色深度(每像素信息的位数更多)意味着数字图像具有较多的可用颜色和较精确的颜色表示。

因为一个 1 位的图像包含 2^1 种颜色,所以 1 位的图像最多可由两种颜色组成。在 1 位图像中,每个像素的颜色只能是黑或白。一个 8 位的图像包含 2^8 种颜色或 256 级灰阶。每个像素可能是 256 种颜色中的任意一种。一个 24 位的图像包含 1 670 万（2^{24}）种颜色。一个 32 位的图像包含 2^{32} 种颜色,但很少这样讲,这是因为 32 位的图像可能是一个具有 Alpha 通道的 24 位图像,也可能是 CMYK 色彩模式的图像,这两种情况下的图像都包含 4 个 8 位的通道。

1.1.5　颜色模型和模式

颜色模式决定用于显示和打印图像的颜色模型(简单地说,颜色模型是用于表现颜色的一种数学算法)。Photoshop 的颜色模式以用于描述和重现色彩的颜色模型为基础。常见的颜色模型包括 HSB(H：色相,S：饱和度,B：亮度)、RGB(R：红色,G：绿色,B：蓝色)、CMYK(C：青色,M：洋红,Y：黄色,K：黑色)和 CIE Lab。

常见的颜色模式包括位图(Bitmap)模式、灰度(Grayscale)模式、双色调(Doutone)模式、RGB 模式、CMYK 模式、Lab 模式、索引颜色(1ndexColor)模式、多通道(Multichannel)模式、8 位/通道模式和 16 位/通道模式。

颜色模式除了能够确定图像中能显示的颜色数量之外,还影响图像的通道数和文件大小。这里提到的通道是 Photoshop 中的一个重要概念,每个 Photoshop 图像都具有一个或多个通道,每个通道都存放着图像中的颜色信息。图像中默认的颜色通道数取决于其颜色模式,例如,CMYK 模式的图像,其默认的通道数为 4 个,用来分别存放 C(青色)、M(洋红)、Y(黄色)和 K(黑色)的颜色信息。除了这些默认的颜色通道,也可以将叫做 Alpha 通道的额外通道添加到图像中,Alpha 通道通常用来存放和编辑选区,并且可添加专色通道。默认情况下,位图模式、灰度模式、双色调模式和索引颜色模式中只有一个通道,RGB 模式和 Lab 模式中都有 3 个通道,CMYK 模式中有 4 个通道。

1. HSB 模型

HSB 模型是基于人眼对色彩的观察来定义的,在此模型中,所有的颜色都用色相或色调(Hue)、饱和度(Saturation)和亮度(Brightness)这 3 个特性来描述。

(1) 色相是与颜色主波长有关的颜色物理和心理特性。从实验可知,不同波长的可见光具有不同的颜色,众多波长的光以不同比例混合可以形成各种各样的颜色,但只要波长组成情况一定,那么颜色就确定了。非彩色(黑、白、灰)不存在色相属性。所有有色彩(红、橙、黄、绿、青、蓝、紫等)都是表示颜色外貌的属性,它们就是所说的色相,有时也将色相称为色调。简单来讲,色相或色调是物体反射或透射的光的波长,一般用符号°来表示,范围是 0°～360°。

(2) 饱和度是颜色的强度或纯度,表示色相中灰色成分所占的比例。通常以％来表示,范围是 0％～100％。

(3) 亮度是颜色的相对明暗程度,通常也是以 0％(即黑色)～100％(即白色)来度量。

2. RGB 模型和模式

绝大多数可视光谱可用红色、绿色和蓝色(R/G/B)三色光的不同比例和强度的混合来表示。在这 3 种颜色的重叠处产生青色、洋红、黄色和白色。

由于 RGB 颜色合成可以产生白色,因此也称它们为加色。将所有颜色加在一起可产生白色,即所有不同波长的可见光都传播到人眼。加色用于光照、视频和显示器。例如,显示器通过红色、绿色和蓝色荧光粉发射光线产生颜色。

Photoshop 的 RGB 模式使用 RGB 模型,将红(R)、绿(G)、蓝(B)3 种基色按照 0～255 的亮度值在每个色阶中分配,从而指定其色彩。当不同亮度的基色混合后,便会产生出 256×256×256 种颜色,约为 1 670 万种。例如,一种明亮的红色其各项数值可能是 R＝246、G＝20、B＝50。当 3 种基色的亮度值相等时,产生灰色;当 3 种基色的亮度值都为 255 时,产生纯白色;当 3 种基色的亮度值都为 0 时,产生纯黑色。3 种色光混合生成的颜色一般比原来的颜色亮度值高,所以 RGB 模型又被称为色光加色法。

3. CMYK 模型和模式

CMYK 模型以打印在纸上的油墨的光线吸收特性为基础。当白光照射到半透明油墨上时,某些可见光波长被吸收,而其他波长的光线则被反射回眼睛。

减色(CMY)和加色(RGB)是互补色。每对减色产生一种加色,反之亦然。

CMYK 的 4 个字母分别指青(Cyan)、洋红(Megenta)、黄(Yellow)和黑(Black),在印刷中分别代表 4 种颜色的油墨。CMYK 模型和 RGB 模型使用不同的色彩原理进行定义。在 RGB 模型中由光源发出的色光混合生成颜色,而在 CMYK 模型中由光线照到不同比例青、洋红、黄和黑油墨的纸上,部分光谱被吸收后,反射到人眼中的光产生颜色。由于青、洋红、黄、黑在混合成色时,随着 4 种成分的增多,反射到人眼中的光会越来越少,光线的亮度会越来越低,所以 CMYK 模型产生颜色的方法又被称为色光减色法。

在 Photoshop 的 CMYK 模式中,为每个像素的每种印刷油墨指定一个百分比值。为较亮(高光)颜色指定的印刷油墨颜色百分比较低,而为较暗(暗调)颜色指定的百分比较高。

如果图像用于印刷,应使用 CMYK 模式。将 RGB 模式的图像转换为 CMYK 模式即产生分色。如果由 RGB 模式的图像开始,最好先编辑,然后再转换为 CMYK 模式。在 RGB 模式下,可以直接使用"校样设置"命令模拟 CMYK 转换后的效果,而无须更改图像数据。也可以使用 CMYK 模式直接处理从高档系统扫描或导入的 CMYK 模式的图像。

4. CIELab 模型和 Lab 模式

Lab 颜色模型是在 1931 年国际照明委员会(CIE)制定的颜色度量国际标准模型的基础上建立的。1976 年,该模型经过重新修订并被命名为 CIE Lab 。

Lab 颜色与设备无关,无论使用何种设备(如显示器、打印机、计算机或扫描仪)创建或输出图像,这种模型都能生成一致的颜色。

Lab 颜色由亮度或亮度分量(L)和两个色度分量 a 分量(从绿色到红色)、b 分量(从蓝色到黄色)组成。

在 Photoshop 的 Lab 模式中(名称中去掉了星号),亮度分量(L)范围为 0～100,a 分量(绿色到红色轴)和 b 分量(蓝色到黄色轴)的范围为－128～127。

Lab 模式是 Photoshop 在不同颜色模式之间转换时使用的中间颜色模式。

在 Photoshop 使用的各种颜色模型中,Lab 模型具有最宽的色域(色域是颜色系统可以显示或打印的颜色范围。人眼看到的色谱比任何颜色模型中的色域都宽),包括 RGB 和 CMYK 色。

5. 域中的所有颜色

通常,对于可在计算机显示器或电视机屏幕(它们发出红、绿和蓝光)上显示的颜色,RGB 色域包含这些颜色的子集。因此,某些颜色如纯青或纯黄无法在显示器上精确显示。

CMYK 色域较窄,仅包含使用印刷色油墨能够打印的颜色。当不能打印的颜色显示在屏幕上时,称其为溢色,即超出 CMYK 色域范围。

1.2 Photoshop 的工作环境

启动 Photoshop 后,打开任意一幅图像,都可以看到 Photoshop 的工作界面,如图 1-1 所示。在 Photoshop 默认的桌面显示情况,经过使用后,各种面板和工具的位置会发生变化。通常情况下,Photoshop 会将所做的变化存储起来,保证工作的延续性。

图 1-1　Photoshop 的工作界面

1.2.1 定制和优化 Photoshop 工作环境

1. 关于 Photoshop 常规首选项

在 Windows 操作系统中,执行"编辑"|"首选项"|"常规"命令,可弹出如图 1-2 所示的"首选项"对话框。

(1)"拾色器"下拉列表中有两个选项,可以选择默认拾色器(Adobe)或是系统拾色器(Apple)。

(2)图像插值:图像重新分布像素时所用的运算方法,也是决定中间值的一个数学过程。在重新取样时,Photoshop 会使用多种复杂方法来保留原始图像的品质和细节。

(3)"邻近"的计算方法速度快但不精确,适用于需要保留硬边缘的图像,如像素图的缩放。

(4)"两次线性"的插值方法可以使用于中等品质的图像运算,速度较快。

(5)"两次立方(适用于平滑渐变)"的插值方法可以使图像的边缘得到最平滑的色调层次,但是速度较慢。

(6)"两次立方较平滑(适用于扩大)"在两次立方的基础上,可用于放大图像。

(7)"两次立方较锐利(适用于缩小)"在两次立方的基础上,可用于图像的缩小,用以保

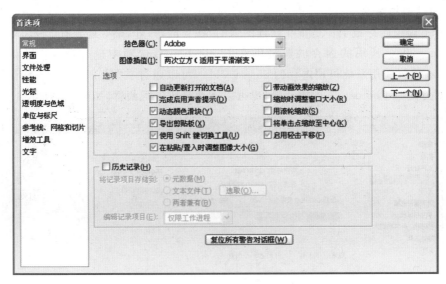

图 1-2 "首选项"对话框——常规

留更多在重新取样后的图像细节。

（8）选项：根据使用习惯设置软件使用偏好。

（9）历史记录：设置记录操作 Photoshop 中的过程的方式。

（10）复位所有警告对话框：有时，显示的信息包含关于特定状态的警告或提示。通过选择信息中的"不再显示"选项，可以停用这些信息的显示。也可以单击"复位所有警告对话框"按钮将所有已停用的信息显示全部恢复。

2. 界面

在 Photoshop CS4 中，界面的个性化得到加强，用户可以使用多种方式来定义自己的工作界面。

（1）使用灰度工具栏图标：是否用灰度图标来代替工具栏顶端的默认彩色图标。

（2）用彩色显示通道：在"通道"面板中是否以彩色显示复合通道。

（3）显示菜单颜色：是否在菜单中显示为菜单项目添加的颜色。

（4）显示工具提示：当鼠标移动到工具或控件上时，在该工具或控件的右下角会弹出提示框，提示该工具的名称或控件的使用。这个复选框用来控制是否显示提示框。

（5）自动折叠图标面板：选择该选项，单击应用程序中其他位置时，自动折叠打开的图标面板。

（6）自动显示隐藏面板：选择该选项，当鼠标滑过时显示隐藏的面板。

（7）记住面板位置：根据默认情况，Photoshop 重新启动后记得所有面板的位置，如果希望所有的面板在每次启动时都恢复到默认的状态，就取消选中此复选框。

（8）以选项卡方式打开文档：选择该选项，打开文档时将以选项卡的方式进行排列（这是 Photoshop CS4 的新的界面方式）；若习惯以悬浮窗口方式打开文档，就取消选中此复选框。

（9）启用浮动文档窗口停放：选择该选项，则允许在拖动浮动文档窗口时将其作为选项卡停放在其他窗口中，当默认未选择该选项时，可使用 Ctrl 键来临时创建该操作。

3. 内存使用情况

Adobe 建议内存量至少是正在处理图像的 3～5 倍,另外,最好还要有 5～10MB 的可用内存。Photoshop 所用的内存的数量可在 Photoshop 首选项中进行设定。默认状态下,Photoshop 建议使用系统可用内存的 55％～71％,可以通过在"让 Photoshop 使用"文本框中输入要分配给 Photoshop 的内存量,也可以拖动滑块进行调整,如图 1-3 所示。

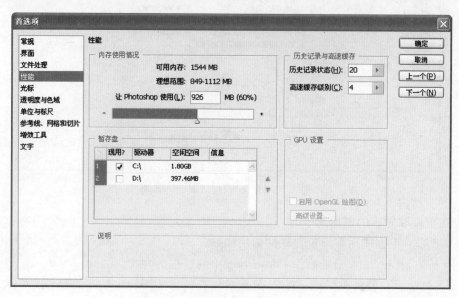

图 1-3 "首选项"对话框——性能

4. 暂存盘

暂存盘和虚拟内存相似,它们之间的主要区别在于,暂存盘完全受 Photoshop 的控制而不是受操作系统的控制,另外,还有非常重要的一点就是暂存盘至少要和可用的内存一样大。在有些情况下,更大的暂存盘是必须的,当 Photoshop 用完内存时,它会使用暂存盘作为虚拟内存;当 Photoshop 处于非工作状态时,它会将内存中所有的内容复制到暂存盘上。

另外,Photoshop 必须保留许多图像数据,如还原操作、历史信息和剪贴板数据等。因为 Photoshop 是使用暂存盘作为另外的内存,所以正确理解和控制暂存盘是获得最优性能表现的重要所在。如果得到提示:Photoshop 不能完成某操作,因为"第一个暂存盘已满",这时需要将硬盘中不需要的文件删除,以腾出更多的硬盘空间。

默认情况下,Photoshop 将启动磁盘作为第一个暂存盘。Photoshop 可以有多个暂存盘,并且对暂存盘可分配的大小没有任何限制,唯一受的限制就是可用的硬盘空间。

如果有多个硬盘,应采用转速最快的硬盘作为第一个暂存盘,保证此硬盘能定期进行去碎片的优化操作以保证较快的速度。最好将整个硬盘都用来作为 Photoshop 的暂存盘。

5. 历史记录状态

历史记录状态的默认值为 20,也就是说在 Photoshop 中可以恢复有效的 20 个步骤的操作。历史记录状态的数值越高所消耗的内存也越大。

6. 图像高速缓存

Photoshop 使用缓存的图像来加快屏幕刷新的速度。缓存的图像是原图像的低分辨率的副本,它存储在 RAM 中,高速缓存的级别为 1~8。当设定为 8 时,为最大缓存,提供最快的刷新时间。默认的缓存级别为 4,因为缓存的图像是存在 RAM 中的,所以如果运行软件的内存较少,最好设定较小的缓存级别。

7. 增效工具

根据默认的情况,Photoshop 有大量的增效工具(Plug-ins),它们在"滤镜"菜单下可产生不同的特殊效果,也为 Photoshop 增加了一些有价值的功能,如可以读写不同的文件格式,输入和输出文件,甚至可以扫描。

增效工具被存放在 Photoshop 文件夹的"增效工具(Plug-Ins)"文件夹中,在增效工具文件夹中还会有子文件夹将不同的增效工具进行分类。当启动 Photoshop 时,它会搜寻增效工具文件夹。如果要指定另外的增效工具文件夹,则可以执行"编辑"首选项"增效工具"命令,弹出如图 1-4 所示的对话框。在其中选中"附加的增效工具文件夹"复选项,然后可弹出"浏览文件夹"对话框,可选择新的增效工具文件夹,当再次启动 Photoshop 的时候就会在"滤镜"菜单下看到新的增效工具文件夹中的命令。

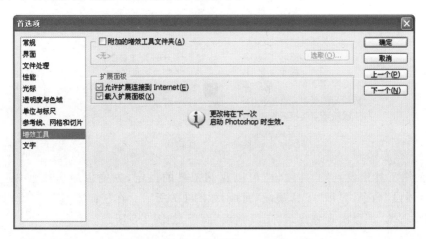

图 1-4 "首选项"对话框——增效工具

1.2.2 工具箱

第一次启动 Photoshop 应用程序时,工具箱出现在屏幕的左侧。Adobe Photoshop CS4 的工具箱在第一次打开时默认为单栏,单击工具箱左上方的小三角可将工具箱恢复成双栏状态。当选择不同的工具时,会有相应的工具选项栏显示不同的选项设定。图 1-5 所示为选中画笔工具时的选项栏。

图 1-5 画笔工具的选项栏

运用工具箱中的工具可以创建选区、绘画、绘图、取样、编辑、移动、注释和查看图像等。还可以在工具箱内更改前景色和背景色、使用不同的图像显示模式。

工具箱中的每个工具都可用相应的字母键进行切换,例如,当要切换到钢笔工具时,只需按 P 键,就可以将钢笔工具选中。如果记不住所有工具的快捷键,只需将鼠标移动到工具图标上,稍停几秒,右下角就会弹出提示框,显示当前工具的名称和切换它的字母键。

有些工具的右下角有一个小的黑三角,表明它有隐含的工具,如果要在它们之间进行切换,可在按住 Alt 键,单击工具箱中的工具,就可在隐含和非隐含的工具之间循环切换。另外,在按住 Shift 键的同时,按键盘上对应工具的字母键,也可以循环切换隐含的工具。

默认状态的工具外形有时是不适用的,可以执行"编辑"|"首选项"|"光标"命令,在弹出的对话框中设定工具外形。

Photoshop 工具箱以及其中的工具如图 1-6 所示。在后面的章节中将会对这些工具进行详细的讲解。如图 1-6 所示,括号内单个大写字母是切换此工具的字母键。

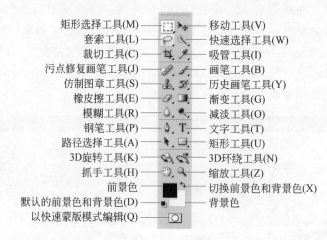

图 1-6　工具箱

(1) 使用工具预设。"工具预设"可以存储工具的设定,方便以后再次使用。执行"窗口"|"工具预设"命令,显示"工具预设"面板,如图 1-7 所示。在任何工具的选项栏中单击工具右边的小三角,都会出现弹出式"工具预设"面板,如图 1-8 所示。

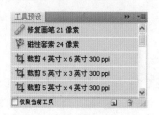

图 1-7　"工具预设"面板

图 1-8　弹出式"工具预设"面板

(2) 工具预设的创建步骤如下。

① 选择一个工具,并在工具选项栏中进行选项设定。

② 在"工具预设"面板右上角的弹出菜单中执行"新建工具预设"命令,在弹出的对话框中输入名称,单击"确定"按钮就可将其存储起来。

选中"工具预设"面板中的"仅限当前工具"复选框,就只显示当前选中的工具的预设。

1.2.3　关于参考线的使用

执行"视图"|"标尺"命令,在图像窗口的左边和上方就会弹出标尺,标尺的单位可以改

变,执行"编辑"|"首选项"|"单位与标尺"命令,会弹出"首选项"对话框,如图 1-9 所示。在"单位"栏的"标尺"选项后面的弹出菜单中可选择不同的单位。

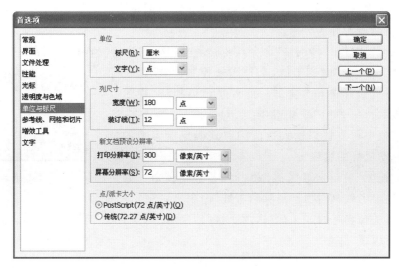

图 1-9　"首选项"对话框——单位与标尺

　　在图像窗口中,将鼠标放在标尺的位置向外拖曳,就会拉出参考线。如果要使参考线和标尺上的刻度相对应,就在按住 Shift 键的同时拖曳参考线;如果想改变参考线的位置,就用工具箱中的移动工具,放在参考线上拖曳;如果想改变参考线的方向,就在按住 Alt 键的同时单击或拖动参考线,横向的参考线就会变成纵向,反之亦然。

　　另外,也可以改变原点的位置,方法是将鼠标放在左上角的横向坐标和纵向坐标相交处并向外拖曳。如果要恢复原点的位置,只需用鼠标双击左上角的横向坐标和纵向坐标的相交处就可以了。

　　参考线的颜色是可以改变的,执行"编辑"|"首选项"|"参考线、网络和切片"命令,会弹出"首选项"对话框,如图 1-10 所示。在"参考线"选区的"颜色"后面的弹出菜单中可选择参考线的颜色。也可用鼠标单击右边的色块,在弹出的拾色器中选择喜欢的颜色。在"样式"

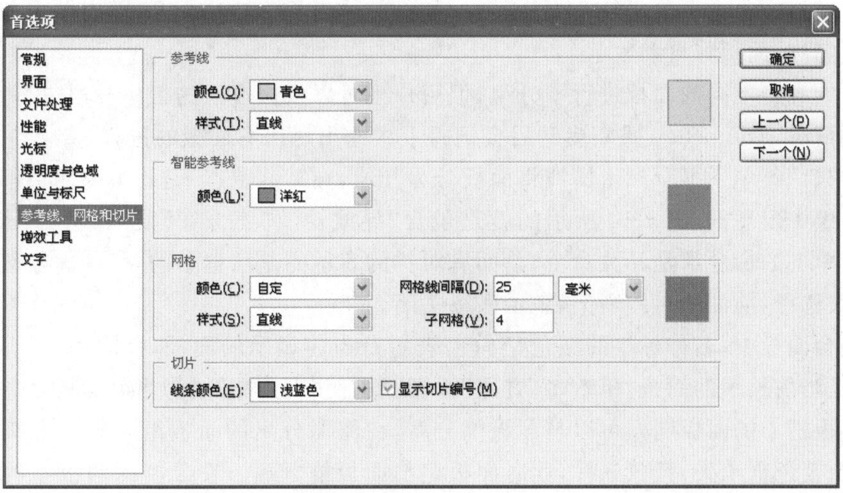

图 1-10　"首选项"对话框——参考线、网格和切片

后面可选择参考线的类型："直线"和"虚线"。

"网格"的"颜色"也可任意定义。在"样式"后面有 3 个选项"直线"、"虚线"和"点线"。另外,在坐标格内还可再分。"网格线间隔"用来设定网格之间的距离。"子网格"用来设定两个主要网格间所均分的等份。

执行"视图"|"显示"|"网格"命令,会显示坐标格,与执行"视图"|"贴紧"|"网格"命令和执行"贴紧"|"参考线"命令类似,都是用来控制鼠标,使鼠标的单击自动靠近坐标格和参考线。此外还可以执行"视图"|"新建参考线"命令,弹出"新建参考线"对话框,如图 1-11 所示,在此对话框中可直接以输入数值的方式确定参考线的位置,省去了拖动鼠标的过程。

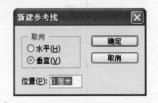

图 1-11 "新建参考线"对话框

可执行"视图"|"锁定参考线"命令将参考线锁定。如果想删除所有的参考线,应执行"清除参考线"命令。

如果打算关掉参考线和坐标格,再次执行"视图"|"显示"|"网格和参考线"命令,取消前面的选择就可以了。

1.2.4　面板

在 Photoshop 中有很多浮动的面板,方便进行图像的各种编辑和操作。这些面板均列在"窗口"菜单下。在后面的章节中将会详细介绍。

浮动面板指的是打开 Photoshop 软件后在桌面上可以移动,可以随时关闭并且具有不同功能的各种控制面板。

除了前面讲过的工具箱以及和工具配合使用的选项栏以外,Photoshop 还有其他的浮动面板。当按 Tab 键时,可将包括工具箱在内的所有面板关闭,再按 Tab 键,可恢复为关闭前的状态。如果在按住 Shift 键的同时按 Tab 键,就会关闭除了工具箱以外的其他所有面板。

在 Photoshop CS4 中,面板的位置与以前的版本有了很大的变化,增强的面板管理简化了工作环境。在不使用面板时,面板收缩在软件窗口的右侧,如图 1-12 所示;单击扩展停放按钮 ,面板将展开显示,如图 1-13 所示;当再单击折叠为图标按钮 时,面板将收起,以图标的方式显示。也可单击某个图标,图标相对应的面板将自动展开,再次单击图标或最上方的面板名称,面板将自动收起。

软件本身将不同的面板进行了分组,但用户也可以根据自己的工作习惯进行重新编排。根据默认情况,Photoshop 重新启动后会记得上次退出时所有面板的位置。

在"窗口"菜单下可看到由横线将面板分为几组,在默认状态下,每组的面板都是组合在一个面板组中出现的,图 1-14 所示的就是包含"导航器"、"直方图"及"信息"的组合面板。"窗口"菜单下的命令都是开关命令,前面有对钩的表示的是已选中的命令,面板已在桌面上显示;再次选择,前面的对钩消失,表示面板关闭。

在组合面板中,名称标签的颜色呈白色表示是当前显示的面板,如图 1-14 所示,"导航器"面板是当前显示的面板,单击"直方图"面板就可使"直方图"成为当前面板。

在面板槽中的面板同样可以与面板槽分离,在需要分离的面板组的最上方按下鼠标后拖曳,直至蓝色框消失,释放鼠标,此时面板组与面板槽分离。在分离的面板组的最上方按下鼠标后拖曳到面板槽位置直至出现蓝色,释放鼠标,面板组将放置在面板槽中。

| 图 1-12　收起后的面板 | 图 1-13　展开后的面板图 | 图 1-14　组合面板 |

　　每组中的面板都可分开,如图 1-14 所示,用鼠标按住"导航器"面板的标签部分向外拖曳,就可使其成为一个独立的面板。

　　也可将面板上下链接起来,用鼠标拖动面板的标签,将其拖到另一个面板下方,见到面板下方出现一条蓝色的粗线,此时再放开鼠标就可以将两个面板链接在一起(可将多个面板链接在一起),如图 1-12 所示。

1.2.5　图像浏览

　　在 Photoshop 的"视图"菜单下,有很多菜单命令用来控制不同的显示比例,可通过下拉菜单中右侧一栏的快捷键来实现图像的放大或缩小显示。一个图像最大的显示比例是3200％,最小是显示一个像素。通常,按 Tab 键可将所有的面板关闭,然后通过 F 键切换到全屏状态来观看图像的整体效果。

1. 放大与缩小命令

　　执行"视图"|"放大"或"缩小"命令,可以用来改变当前图像的显示比例。其操作特点是每使用一次命令,图像的显示尺寸放大一倍或缩小一半,如从 300％放大到 400％,或从300％缩小到 200％。

2. 按屏幕大小缩放

　　执行"视图"|"按屏幕大小缩放"命令,或双击工具箱中抓手工具图标,可以自动找到屏幕上完全显示当前图像的最大显示比例,也就是以图像完全出现在当前窗口内的最大比例来显示图像。

　　全屏显示的比例会受到面板和工具箱的限制,当面板和工具箱以默认位置分布在屏幕两侧时,全屏显示会自动让出屏幕两侧的位置,而以一个较小的图像窗口来显示整幅图像。所以只有关闭了所有的面板和工具箱时,才能真正在屏幕上实现全屏显示。

3. 实际像素

以一个显示器的屏幕像素对应一个图像像素时所有的显示比例，也就是100％的显示比例。在 Photoshop 中，直接执行"视图"|"实际像素"命令，或双击工具箱中的放大镜工具图标，便可实现100％的显示比例。

4. 打印尺寸

真实印刷尺寸，即不考虑图像的分辨率，而只以图像本身的宽度和高度（印刷时的尺寸）来表示一幅图像的大小。执行"视图"|"打印尺寸"命令可以在屏幕上显示出图像的实际印刷大小，如果真正用尺子量一下的话，会发现这个尺寸仍然是一个相对大小，它只是实际印刷尺寸的一个近似值。

5. 缩放工具

缩放工具可以起到放大或缩小图像的作用。在工具箱中选择缩放工具时，光标在画面内显示为一个带加号的放大镜，使用这个放大镜单击图像，即可实现图像的成倍放大。而按着 Alt 键使用缩放工具时，光标变为一个带减号的缩小镜，单击可实现图像的成倍缩小。也可使用缩放工具在图像内圈出部分区域，来实现放大或缩小指定区域的操作。

6. 抓手工具

当图像的显示比例较大时，图像窗口不能完全显示整幅画面，这时可以使用抓手工具来拖动画面，以卷动窗口来显示图像的不同部位。当然，也可以通过窗口右侧及下方的滑轨和滑块来移动画面的显示内容。

7. "导航器"面板

"导航器"面板是用来观察图像的，如图 1-15 所示。它可方便地进行图像的缩放。在面板的左下角显示百分比数字，可直接输入百分比，按 Enter 键后，图像就会按输入的百分比显示，在"导航器"面板中会有相应的预览图。也可用鼠标拖动"导航器"面板下方的三角滑块来改变缩放的比例，滑动栏的两边有两个形状像山的小图标，左侧的图标较小，单击此图标可使图像缩小显示，单击右侧的图标可使图像放大。

图 1-15 "导航器"面板

可按住鼠标左键，将"导航器"面板中的"显示框"面板移动到任意位置。当按住 Ctrl 键时，鼠标在"导航器"中就变成放大镜的形状，此时，可用鼠标拖曳出任意大小的方框来对图像进行局部观察。

8. 旋转视图

Photoshop CS4 中增加了旋转视图的新功能，使用"旋转视图"工具可以在不破坏图像的情况下旋转画布，这不会使图像变形。旋转画布在很多情况下很有用，能使绘画或绘制更加方便。

选择"旋转视图"工具，使用下列任一方法即可旋转视图。在图像中单击并拖动，以进行旋转。无论当前画布是什么角度，图像中的罗盘都将指向北方；或在"旋转角度"字段中输入数值；单击"视图"控件的"设置旋转角度"。若要将画布恢复到原始角度，单击工具选项栏中的"复位视图"按钮即可。

1.2.6 更改图像大小

图像大小和像素、分辨率、实际打印尺寸之间的关系密切，决定存储文件所需的硬盘空

间。执行"图像"|"图像大小"命令，就会弹出"图像大小"对话框，如图 1-16 所示。在"像素大小"选区中可以看到当前图像的"宽度"和"高度"，通常是以"像素"为单位，另外还有一个单位是"百分比"，可输入缩放的比例。右边的链接符号表示锁定长宽的比例。若想改变图像的比例，可取消勾选对话框下端的"约束比例"复选框。"像素大小"后面的数字表示当前文件的大小，如果改变了图像的大小，"像素大小"后面会显示改变后的图像大小，并在括号内显示改变前的图像。

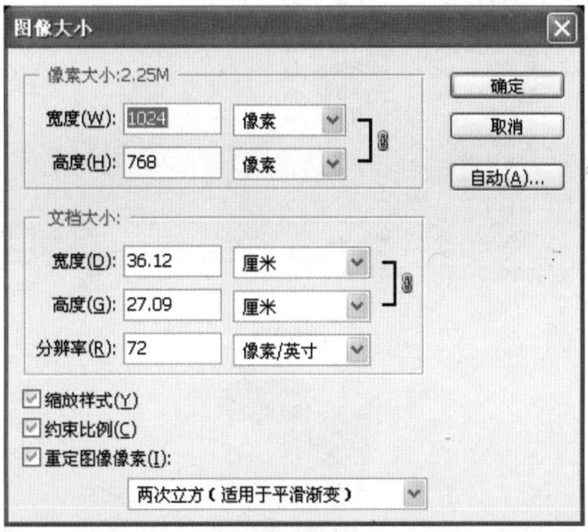

图 1-16 "图像大小"对话框

在"文档大小"选区中可设定图像的高度、宽度以及分辨率，常用分辨率的单位是"像素/英寸"(Pixels/in，ppi)。用于网页图像的分辨率是 72ppi，印刷常用的分辨率是 300ppi。

在对话框的最下端有一个"重定图像像素"复选项，如果选中此选项，可以改变图像的大小。如果将图像变小，也就是减少图像中的像素数量，对图像的质量没有太大影响；若增加图像的大小，或提高图像的分辨率，也就是增加像素，则图像就根据此处设定的差值运算方法来增加像素。

如果取消"重定图像像素"选项，则在"文档大小"栏中的 3 项都会被锁定，也就是说图像的大小被锁定，总的像素数量不变。当改变高度和宽度值时，分辨率也同时发生变化，增加高度，分辨率就会降低，但两者的乘积不变。另外也可以通过"首选项"对话框对"图像差值"的方法进行设定。

如果图像带有已经应用了样式的图层，请选中"缩放样式"复选框，在调整大小后的图像中缩放效果。只有选中了"约束比例"，才能使用此选项。

1.3 文件的基本操作

1.3.1 打开文件

执行"文件"|"打开"命令，弹出"打开"对话框，如图 1-17 所示，在此选中要打开的文件，单击对话框右下角的"打开"按钮就可将此文件打开。

在"文件类型"下拉列表中选中"所有格式"，在对话框中会出现当前文件夹中的所有文

图 1-17 "打开"对话框

件。当选择具体格式时,在对话框中会列出当前文件格式的所有文件。

除了"打开"命令之外,还有另外两种打开图像的方法。如果是 Photoshop 产生的图像,直接双击文件图标就可将其打开。将图像的图标拖到 Photoshop 软件或软件替身的图标上,图像也可被打开。

可执行"最近打开文件"命令,从子菜单中选择一个文件并将其打开。若要指定在"最近打开文件"子菜单中可用的文件数,执行"编辑"|"首选项"|"文件处理"命令,并在对话框最下端的"近期文件 列表包含"文本框中输入一个数字。

1.3.2 建立新文件

执行"文件"|"新建"命令,可弹出"新建"对话框,如图 1-18 所示。

在"新建"对话框中可对所建文件进行各种设定在"名称"文本框中输入图像名称;在"预设"下拉列表中可选择一些内定的图像尺寸;在"宽度"和"高度"后面的文本框中输入自定的尺寸,在文本框后面的弹出菜单中选择不同的度量单位;"分辨率"的单位习惯上采用像素/英寸;在"颜色模式"下拉列表中可设定图像的色彩模式;"图像大小"下面显示的是当前文件的大小,数据将随着宽度、高度、分辨率的数值及模式的改变而改变。

"背景内容"中的 3 个选项用来设定新文件的颜色,包括"白色"、"背景色"和"透明"。执行"透明"选项后新建的图像背景显示的是灰白相间的方格,并且图像的名称栏上有"图层字样",表明当前文件是透明的图层文件。

在"高级"选区中,可选取颜色配置文件,或选取"不要对此文档进行颜色管理"。对于

图 1-18 "新建"对话框

"像素长宽比",除非使用用于视频的图像,否则选取"方形"。

1.3.3 存储文件

Adobe Photoshop 支持很多的文件格式。可将文件存储为它们中的任何一种格式,或按照不同的软件要求将其存储为相应的文件格式后置入到排版或图形软件中。

在"文件"菜单下有"存储"、"存储为 "和"存储为 Web 和设备所用格式"3 个关于存储的命令。

1. 存储

"存储"命令是将文件存储为原来的文件格式,并将原文件替换掉。在图像编辑后有了图层等内容后,执行存储命令总是默认以 PSD 格式存储文件的。因此,要使修改后的文件替换掉原来的文件,就要选择"存储为"命令。

2. 存储为

"存储为"命令以不同的位置或文件名存储图像。在 Photoshop 中,"存储为"命令可以用不同的格式和不同的选项存储图像。执行"存储为"命令后,会弹出"存储为"对话框。图 1-19 所示为"存储为"对话框,其中各项设置介绍如下。

(1)作为副本:此选项可存储原文件的一个副本,并保持原文件的打开状态,原文件不受任何影响。选择此选项后,名称后面会自动加上"副本"字样,这样原文件就不会被替换掉了。

(2)Alpha 通道:用于将 Alpha 通道信息与图像一起存储。不选择该选项可将 Alpha 通道从存储的图像中删除。

(3)图层:用于保留图像中的所有图层。如果该选项被禁用或不可用,则所有的可视图层将合并为背景层(取决于所选的格式)。

(4)批注:可将批注与图像一起存储。

(5)专色:可将专色通道信息与图像一起存储。不选中该选项可将专色从已存储的图像中删除。

(6)选中"使用校样设置"(只适用于 PDF、EPS、DCS 1.0 和 DCS 2.0 格式)选项可将文件的颜色转换为校样色彩描述文件空间,对于创建用于打印的输出文件很有用。

图 1-19 "存储为"对话框

(7)要切换文件的当前颜色配置文件的嵌入，请选中或取消选中"ICC 配置文件"（Windows）。此选项适用于 Photoshop 的格式（.PSD）以及 PDF、JPEG、TIFF、EPS、DCS 和 PICT 格式。

3. 存储为 Web 和设备所用格式

Photoshop 提供了处理网页图像文件的最佳工具与方法。执行"文件"|"存储为 Web 和设备所用格式"命令弹出"存储为 Web 和设备所用格式"对话框，如图 1-20 所示，可利用这个对话框完成 JPEG、GIF、PNG-8、PNG-24 和 WBMP 文件格式的最佳存储。

1.3.4 常用文件存储格式

图像的存储格式有很多种，可根据不同的需求将图像存储为不同的格式。在 Photoshop 中，处理完的图像通常都不是直接进行输出，而是置入到排版软件或图形软件中，加上文字和图形并完成最后的版面编排和设计工作，然后再存储为相应的文件格式，进行输出。

1. Photoshop 格式（PSD 格式）

对于新建的图像文件，Adobe 提供的 Photoshop 格式是默认的格式，也是唯一可支持所有图像模式的格式，包括位图、灰度、双色调、索引颜色、RGB、CMYK、Lab 和多通道模式等。

Photoshop 格式的缩写是 PSD，它可以支持所有 Photoshop 的特性，包括 Alpha 通道、专色通道、多种图层、剪贴路径、任何一种色彩深度或任何一种色彩模式。它是一种常用工

图 1-20　"存储为 Web 和设备所用格式"对话框

作状态的格式,因为它可以包含所有的图层和通道的信息,所以可随时进行修改和编辑。当存储为 PSD 格式时,Photoshop 通过 RLE(Run Length Encoding)方式进行图像的压缩和优化。这种方式是一种无损失的方式,没有像素信息的改变。

2. JPEG 格式

JPEG 是一种图像压缩格式。当选择 JPEG 格式时,会弹出"JPEG 选项"对话框,如图 1-21 所示。可在"品质"后面的文本框中输入数字,也可拖动下面的三角,或在"品质"后面的弹出菜单中进行选择。数值越高,图像品质就越好,文件也越大。

"格式选项"有 3 个:如果选择"基线("标准")"选项,则大多数的网络浏览器都可识别;如果要优化色彩质量,就选择"基线已优化"选项,但不是所有的

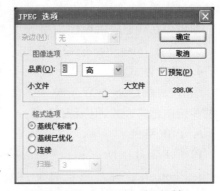

图 1-21　"JPEG 选项"对话框

网络浏览器都能识别;如果需使用网络浏览器下载图像,则可选择"连续"选项,图像可边下载边显示。这种方式要求较多的内存,并且不是所有的网络浏览器都支持。

JPEG 也是网页上常用的一种格式,它可以存储 RGB 或 CMYK 模式的图像,但不能存储 Alpha 通道,也不支持透明。JPEG 是一种有损失的压缩,经过 JPEG 压缩的文件在打开时会自动解压缩。

3. TIFF 格式

TIFF 是 Tagged-Image File Format 的首字母缩写,这种格式支持跨平台的应用软件。TIFF 格式支持具有 Alpha 通道的 CMYK、RGB、Lab、索引颜色和灰度图像以及无 Alpha

通道的位图模式图像。Photoshop 可以在 TIFF 文件中存储图层。但是,如果在其他应用程序中打开此文件,则只有拼合图像是可见的。

如果要在 PC 上使用,就在"字节顺序"下面选择"IBMPC",如图 1-22 所示。

在"图像压缩"栏中共有 4 个选项。

(1) 无:正常无压缩。

(2) LZW:它是 TIFF、PDF、GIF 和 PostScript 语言文件格式支持的无损压缩技术。该技术在压缩包含大面积单色区域的图像(如快照或简单的绘画图像)时最为有用。

(3) ZIP:它是由 PDF 和 TIFF 文件格式支持的无损压缩技术。与 LZW 一样,ZIP 对包含大面积单色区域的图像最为有效。

(4) JPEG:它是 JPEG、TIFF、PDF 和 PostScript 语言文件格式支持的有损压缩技术。JPEG 压缩为连续色调图像(如照片)提供了最好的效果。当选择 JPEG 压缩时,通过从"品质"菜单中选择选项,拖移"品质"滑块或在"品质"文本框中输入一个 1~12 的值,可指定图像品质。

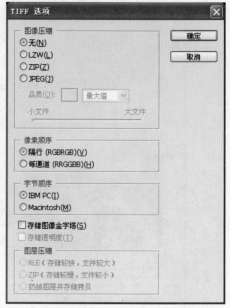

图 1-22 "TIFF 选项"对话框

选择"存储图像金字塔"选项可创建包含多分辨率信息的金字塔数据结构。存储时,最顶端的分辨率是图像的分辨率。

如果要在其他应用程序中打开文件时保留透明度,请选择"存储透明度"选项。当在 Photoshop 或 ImageReady 中重新打开文件时,不管是否选择该选项,总会保留透明度。

4. BMP 格式

BMP 是在 DOS 和 Windows 平台上常用的一种标准图像格式,它支持 RGB、索引颜色、灰度和位图色彩模式,但不支持 Alpha 通道。

5. PDF 格式

PDF(Portable Document Format)格式是一种跨平台的文件格式,Adobe Illustrator 和 Adobe Photoshop 都可直接将文件存储为 PDF 格式。PDF 格式的文件可用 Acrobat Reader 在 Windows、Mac OS、UNIX 和 DOS 环境中进行浏览。

PDF 格式支持 RGB、索引颜色、CMYK、灰度、位图和 Lab 色彩模式,但不支持 Alpha 通道。

Photoshop 可直接打开 PDF 的文件,并可将其进行栅格化处理,变成像素信息。对于多页的 PDF 文件,可在打开 PDF 文件的对话框中设定打开的是第几页文件。PDF 文件被 Photoshop 打开后便成为一个图层文件,可将其存储为 PSD 格式。

通过"打开"命令一次只能打开一页 PDF 文件,而执行"文件"|"自动"|"多页面 PDF 到 PSD"命令可以打开多页 PDF 格式的文件。

第2章 绘图修饰及图像编辑

2.1 案例导学

案例2.1 彩色光盘

案例分析:

通过本例学习,同学应掌握创建圆形选区、对选区进行描边及渐变工具的使用。

操作步骤:

(1) 执行"文件"|"新建"命令或直接按 Ctrl+N 键,弹出"新建"对话框,在其中可以设置参数,如图 2-1 所示。单击"确定"按钮,新建一个图像文件。

图 2-1 "新建"对话框

(2) 选择工具箱中的■、(渐变工具),渐变类型为■(线性渐变)单击"设置前景色"按钮,调节渐变色为深蓝 RGB 值为(20,20,100),蓝白 RGB 值为(160,160,220),蓝 RGB 值为(100,100,250),如图 2-2 所示,对"背景"图层进行由上而下渐变填充。

(3) 执行"视图"|"标尺"命令,调出标尺。然后选择工具箱中的移动工具,从标尺上拖出参考线,结果如图 2-3 所示。

(4) 选择工具箱中的○(椭圆选框工具),按住 Shift+Alt 键,以参考线交叉点为圆心绘制正圆形选区,结果如图 2-4 所示。

(5) 单击"图层"面板下方的(创建新图层)按钮,新建一个图层,如图 2-5 所示。然后选择工具箱中的■、(渐变工具),渐变类型■(角度渐变),设置渐变色如图 2-6 所示。

(6) 在"图层 1"图层上以参考线交叉点为圆心拖拉渐变线,结果如图 2-7 所示。

(7) 执行"编辑"|"描边"命令,对大圆进行白色描边处理。在弹出的"描边"对话框中设置参数,如图 2-8 所示,然后单击"确定"按钮,结果如图 2-9 所示。

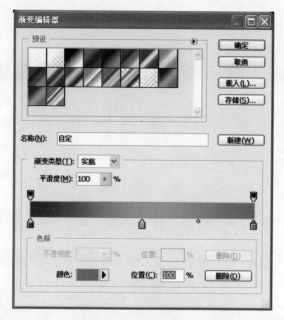

图 2-2　设置渐变色

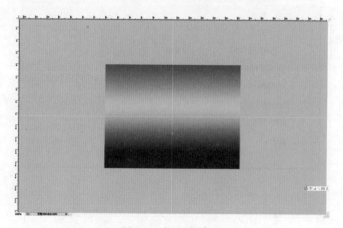

图 2-3　拉出参考线

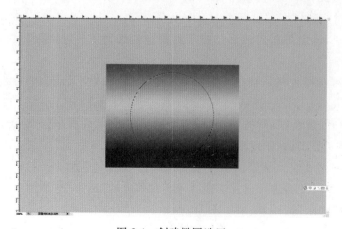

图 2-4　创建椭圆选区

图 2-5　创建图层

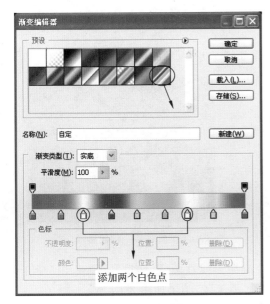

图 2-6　设置渐变色

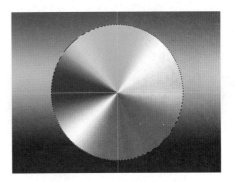

图 2-7　填充正圆形选区

图 2-8　设置描边参数

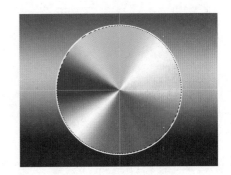

图 2-9　描边后的效果

（8）按 Alt＋D 键取消选区。然后选择工具箱中的 （椭圆选框工具），同时按住 Alt＋Shift 键，从参考线交叉点拖出圆形选区。接着执行"编辑"|"描边"命令，对圆形进行白色描边处理。设置描边宽度为 2，单击"确定"按钮，结果如图 2-10 所示。按 Delete 键删除选区，结果如图 2-11 所示。

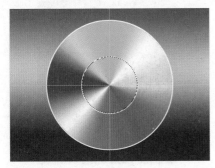

图 2-10　创建圆形选区并描边

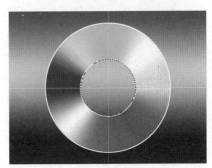

图 2-11　删除选区

（9）同理，创建一个圆形选区，并用一个像素的白色进行描边，结果如图 2-12 所示。接着按 Ctrl+D 键取消选区。

（10）选择工具箱中的 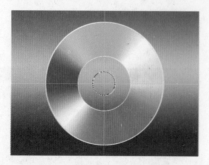（魔棒工具），创建如图 2-13 所示的选区。

图 2-12　创建圆形选区并描边

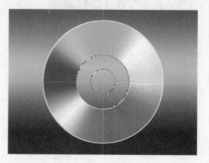
图 2-13　创建选区

（11）选择工具箱中的渐变工具，设置渐变类型为线性渐变，然后利用"蓝-白"渐变色对选区进行填充，如图 2-14 所示。按 Ctrl+D 键取消选区，结果如图 2-15 所示。

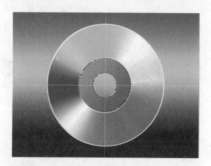
图 2-14　填充区域

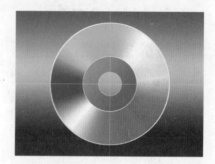
图 2-15　取消选区

案例 2.2　摄影图片局部去除效果

案例分析：

本例将制作摄影图片局部去除效果，原图如图 2-16 所示，结果图如图 2-17 所示。通过本例将掌握 （单列选框工具）和 （仿制图章工具）的综合应用。

图 2-16　原图

图 2-17　结果图

操作步骤:

(1)打开打开素材文件,如图 2-16 所示。这张原稿是一张较残破的杂志图片,边缘有明显的撕裂和破损的痕迹,图中有极细的、规则的白色划痕,图像右下部有隐约可见的脏点,本案例需要将图像中所有影响表观质量的部分都去除,最后恢复图像的本来面目。

(2)先来修去图中的直线划痕,对图像中常见的很细的划痕或者文件损坏时会形成的贯穿图像的细化线,可以采取单像素的方法进行修复。选取工具箱中的单列选框工具,它可以制作纵向的单像素宽度的矩形选区,用它在紧挨着白色划痕的位置单击,设置一个单列矩形,用它在紧挨着白色划痕的位置单击,设置一个单列矩形,如图 2-18 所示。

(3)选择工具箱中的移动工具,按住 Alt键,单击←键一次,此时会发现白色划痕已消失了,如图 2-19 所示。这种去除细痕的方式仅用于快速去除 1~3 像素宽的极细划痕,对于不在

图 2-18　在紧挨白色划痕的位置画一个单列矩形

水平或垂直方向上回书不连续的划痕,可以用工具箱中的仿制图章工具来进行修复。同样的方法,将图像中其余几根白色划痕都去除,效果如图 2-20 所示。

图 2-19　白色划痕已消失

图 2-20　图中所有白色划痕都被去除

(4)图片中局部存在的裂痕及破损部分比单纯的划痕要难以修复,因为裂痕波及较大的区域,破损部分需要凭借想象来弥补,因此在修复时必须对原稿被破坏处的内容进行详细分析。修图的主要原理其实也是一种复制的原理,选取图像中最合理的像素,对需要修复的位置进行填补与覆盖。方法:选取仿制图章工具,将图像局部损坏部分放大,仔细修复。先将光标放在要取样的图像位置,按住 Alt 键单击,这个取样点是所复制图像源位置,松开Alt 键移动鼠标,可将以取样点为中心的图像复制到源位置,从而将破损的部位覆盖,如图 2-21 所示。

图 2-21　应用仿制图章工具修复破损部分

　　（5）不断变换取样点，灵活对图像进行复制，对于天空等大面积蓝色区域，可以换较大一些的笔刷来进行修复，还可以根据具体需要改变笔刷的"不透明度"设置，如图 2-22 所示。图像上部完成后的效果如图 2-23 所示。

图 2-22　天空等大面积区域可以换较大的笔刷来进行修复

图 2-23　图像上修复完成后的效果

(6) 将图中其余部分的脏点去除方法与上一步骤相似,修复时要小心谨慎,不能在图中留下明显的笔触或涂抹的痕迹,如图 2-24 所示。最后修复完成的完整图像如图 2-25 所示。

图 2-24　修复细节

图 2-25　最后完成的效果图

案例 2.3　图像编辑

案例分析:

本例将倒置的图像正过来,并将图像的大小调整到"16 厘米×13 厘米",模式为 CMYK。完成后效果如图 2-26 所示。本例主要应用"图像大小"、"模式"、"旋转画布"等命令操作完成。

操作步骤:

(1) 执行"文件"|"打开"命令,从出现的"打开"对话框中打开素材文件。

(2) 执行"图像"|"旋转画布"|"180 度"命令,即可将倒置的图像翻过来,如图 2-27 所示。

图 2-26　原图

图 2-27　效果图

(3) 在"图层"面板里复制背景图层,成为背景的图层副本。

(4) 确定当前工作在"背景副本"图层中。执行"编辑"|"自由变换"命令,将图像左右调换,得到最后如图 2-27 所示的效果。

还有一种更加快捷的方法,即执行"图像"|"旋转画布"|"垂直翻转画布"命令。

（5）执行"图像"|"模式"|"CMYK 颜色"命令，直接将图像模式转换为 CMYK 模式，如图 2-28 所示，再执行"图像"|"图像大小"命令，在"图像大小"对话框中，取消"约束比例"复选框，宽度设为 16 厘米，高度设为 12 厘米，分辨率为 72 像素/英寸，如图 2-29 所示。单击"确定"按钮。

图 2-28 "CMYK 颜色"菜单命令

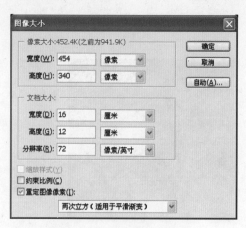

图 2-29 "图像大小"对话框

2.2 相关知识

2.2.1 颜色设定

在 Photoshop 中使用各种绘图工具时，不可避免地要用到颜色的设定，Photoshop 软件提供了多种颜色选取和设定的方式。

各种绘图工具画出的线条颜色是由工具箱中的前景色确定的，而橡皮擦工具擦除后的颜色则是由工具箱中的背景色决定的。

默认情况下，前景色和背景色分别为黑色和白色。单击图 2-30 右上角的双箭头，可切换前景色和背景色；单击图 2-30 左下角的小黑白图标，不管当前显示的是何种颜色，可将前景色和背景色切换到默认的黑色和白色。下面分别介绍设定前景色和背景色的方法。

（1）单击工具箱中的前景色或背景色图标，即可调出"拾色器"对话框，如图 2-31 所示。

图 2-30 调整前景色/背景色按钮

图 2-31 "拾色器"对话框

在对话框左侧,在任意位置单击,会有圆圈标示出单击的位置,在右上角就会显示当前选中的颜色,并且在"拾色器"对话框右下角出现其对应的各种颜色模式定义的数据显示,包括RGB、CMYK、HSB 和 Lab4 种不同的颜色描述方式,也可以在此处输入数字直接确定所需的颜色。

在"拾色器"对话框中,可以拖动颜色导轨上的三角形颜色滑块确定颜色范围。颜色滑块与颜色选择区中显示的内容会因不同的颜色描述方式(单击 HSB、RGB、Lab 或 CMYK前的按钮)而有所不同。

例如,选定 H(色相)前的按钮时,在颜色滑块中纵向排列的即为色相的变化。在滑块中选定了某种色相后,颜色选择区内则会显示出这一色相亮度从亮到暗(纵向),饱和度由最强到最弱(横向)的各种颜色。

选定 R(红色)前的按钮时,在颜色滑块中显示的则是红色信息由强到弱的变化,颜色选择区内的横向即会表示出蓝色信息的强弱变化,纵向会表示出绿色信息的强弱变化。

在实际工作中,通常以数值的方式确定颜色,这种方式最准确。如果手边有一本印刷色谱,则可对照色谱中颜色的配比,在颜色定义区内输入颜色,用这种方法可以最大限度地避免显示器的误差。

(2) 选择"窗口"|"颜色"命令,即可在桌面上看到"颜色"面板("窗口"菜单下的子菜单均为开关菜单名称前有"√"符号的,表示面板已在桌面上显示,再选一次,可将此面板关闭)。

在"颜色"面板中的左上角有两个色块用于表示前景色和背景色,如图 2-32 所示。色块上有双框表示被选中,所有的调节只对选中的色块有效,用鼠标单击色块就可将其选中。用鼠标单击面板右上角的三角按钮,弹出菜单中的选项是用来选择色彩模式的,前面有"√"的表示的是面板中正在显示的模式。对于不同的色彩模式,面板中滑动栏的内容也不同,通过拖动三角滑块或输入数

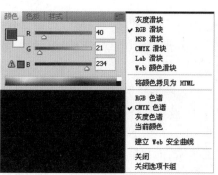

图 2-32 "颜色"面板和色彩模式

字可改变颜色的组成。直接单击"颜色"面板中的前景色或背景色图标也可以调出"拾色器"对话框。

还可以通过弹出菜单改变"颜色"面板下方的颜色条所显示的内容,根据不同的需要选择不同的颜色条形式。在"颜色"面板中,当光标移至颜色条时,会自动变成一个吸管,可直接在颜色条中吸取前景或背景色。如果想选择黑色或白色,可在颜色条的最右端单击黑色或白色的小方块。

还可以通过弹出菜单改变"颜色"面板下方的颜色条所显示的内容,根据不同的需要选择不同的颜色条形式。在"颜色"面板中,当光标移至颜色条时,会自动变成一个吸管,可直接在颜色条中吸取前景或背景色。如果想选择黑色或白色,可在颜色条的最右端单击黑色或白色的小方块。

当所选颜色在印刷中无法实现时,在"颜色"面板中会出现一个带叹号的三角图标,如图 2-33 所示,在其右边会有一个替换的色块,替换的颜色一般都较暗。

(3) "色板"和"颜色"面板有一些相同的功能,就是都可用来改变工具箱中的前景色或

背景色。不论正在使用何种工具，只要将鼠标移到"色板"上，都会变成吸管的形状，单击鼠标就可改变工具箱中的前景色，按住 Ctrl 键单击鼠标就可改变工具箱中的背景色。

若要在"色板"上增加颜色，可用吸管工具在图像上选择颜色，当鼠标移到"色板"的空白处时，就会变成油漆桶的形状，单击鼠标可将当前工具箱中的前景色添加到色板中。

若要删除"色板"中的颜色，只要按住 Alt 键就可使图标变成剪刀的形状，在任意色块上单击，就可将此色块剪掉。

如果要恢复软件默认的情况，在"色板"右边的弹出菜单中执行"复位色板"命令，如图 2-34 所示，在弹出的对话框中有 3 个按钮，如果要恢复到软件内定的状态，单击"确定"按钮；如果要在加入软件内定的颜色的同时保留现有的颜色，可单击"追加"按钮；若要取消此命令，可单击"取消"按钮。

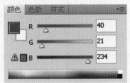

图 2-33　带叹号三角图标的"颜色"面板　　　　　　图 2-34　复位色板

另外，如果要将当前的颜色信息存储起来，可在"色板"中的弹出菜单中执行"存储色板"命令。如果要调用这些文件，可选择"载入色板"命令将颜色文件载入。当然，也可"替换色板"命令，用新的颜色文件代替当前"色板"中的颜色。

（4）其他颜色确定方法

① 吸管工具。吸管工具可从图像中取样来改变前景色或背景色。用此工具在图像上单击，工具箱中的前景色就会显示所选取的颜色。如果在按住 Alt 键的同时用此工具在图像上单击，工具箱中的背景色就显示所选取的颜色。

软件默认的情况是吸取单个像素的颜色，但也可在一定范围内取样。选中工具箱中的吸管工具，在其选项栏中"取样大小"选项后面的弹出菜单中，还可以选择"3×3 平均"、"5×5 平均"、"11×11 平均"、"31×31 平均"、"51×51 平均"和"101×101 平均"，在一个较大的范围内吸取像素颜色的平均值，如图 2-35 所示。

图像中按住鼠标键移动吸管工具，此时，工具箱中前景色框的颜色会随着吸管工具的移动而改变，若想使背景色框中的颜色随着吸管工具的移动而改变，那么应在移动吸管工具时按住 Alt 键。

按住 Alt 键，可在使用各种绘图工具时暂时切换到吸管工具，可以方便快速地选取前景色。

② 颜色取样器工具。使用颜色取样器工具最多可有 4 个取样点。取样的目的是测量图像中不同位置的颜色数值，方便图像色彩调节，被标记的颜色点不会对图像造成任何影响。

使用的方法非常简单，在工具箱中选中颜色取样器工具 ，并直接在图像上单击，生成的取样点如图 2-36 所示。

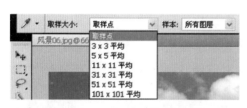

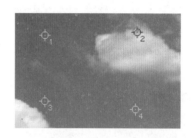

图 2-35 定义吸管工具的取样大小   图 2-36 取样点

可通过颜色取样器工具选项栏中的"清除"按钮将所有取样点删除。直接用鼠标拖动就可以移动取样点的位置。如果想删除某个取样点,可以用鼠标将其拖曳出图像窗口;或者按 Alt 键(此时颜色取样器工具会变成剪刀的形状)在取样点上单击。

在"信息"面板的下半部分可以看到 4 个取样点的 RGB 数值,如图 2-37 所示。在"信息"面板右上角的弹出菜单中执行"颜色取样器"命令,使其前面的"√"符号消失,可暂时隐藏取样点,如再次选择此命令,又可将取样点显示出来。

2.2.2 "画笔"面板

对于绘图编辑工具而言,选择和使用画笔是非常重要的一部分。所选择的画笔很大程度上决定了绘制的效果。在 Photoshop 中,不仅可以选择软件所附带的各种画笔设定,而且可以根据自己的需要创建不同的画笔。

执行"窗口"|"画笔"命令或单击任何一个绘图编辑的工具选项栏右侧的 [图标,都可以调出"画笔"面板。单击"画笔"面板左侧最上面的"画笔预设",可看到如图 2-38 所示的"画笔"面板。

绘图和编辑工具包括画笔工具、铅笔工具、仿制图章工具、图案图章工具、历史画笔

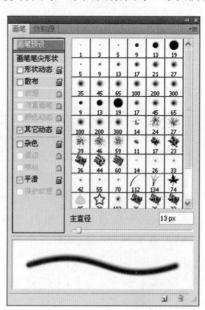

图 2-37 4 个取样点的"信息"面板   图 2-38 "画笔"面板

工具、艺术历史画笔工具、橡皮擦工具、模糊/锐化工具、涂抹工具和减淡/加深/海绵工具。

1. 选择预设的画笔

选择任何一个绘图或编辑工具,在其选项栏中单击画笔形状预览图右侧向下的小三角,都会出现画笔弹出式面板,可以选择不同的预设好的画笔,也可通过拖曳"主直径"上的滑钮改变画笔的直径。

执行"窗口"|"画笔"命令,调出"画笔"面板,当单击"画笔预设"名称时,"画笔"面板的外观和工具选项栏中的画笔弹出式面板类似。不同的是,在"画笔"面板的下方有一个可供预览画笔效果的区域。将鼠标放在某一个画笔上停留几秒,直到右下角出现文字提示框,然后移动鼠标到不同的画笔预览图上,随着画笔的移动,"画笔"面板下方会动态显示不同画笔所绘制的效果。

在画笔弹出式面板或"画笔"面板的弹出菜单中可选择画笔显示方式,如图 2-39 所示。

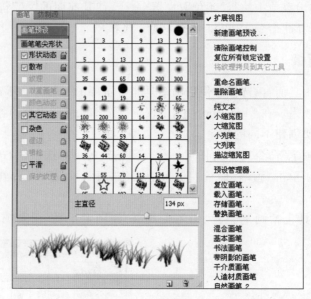

图 2-39 "画笔"面板的弹出菜单

(1)"纯文本"只列出画笔的名字。

(2) 小或大缩览图可以看到画笔缩览图显示,两个选项的区别在于显示缩览图大小不同。图 2-39 所示的是选择"小缩览图"的画笔显示效果。

(3) 小或大列表可以看到画笔的缩览图连同名称的列表。

(4)"描边缩览图"可以看到用画笔绘制线条的效果显示。

在画笔弹出式面板或"画笔"面板的弹出菜单中还可进行如下操作。

(1) 执行"载入画笔"命令,可在弹出的对话框中选择要加入的画笔。

(2) 执行"替换画笔"命令,可用其他画笔替换当前所显示的画笔。

(3) 执行"复位画笔"命令,可恢复到软件初始的设置。

(4) 执行"存储画笔"命令,可将当前面板中的画笔存储起来。

2. 定义画笔预设

在打开的"画笔"面板中,单击左侧的"画笔笔尖形状"名称,可显示笔尖形状图案,如图 2-40 所示。单击"画笔"面板左侧其他不同的选项名称,在右侧就会显示其对应的调节项。勾选不同选项前面的多选框,可使此选项有效,但右侧并不显示其选项设置。通过调节各个不同的选项,可以创建理想的绘画效果。

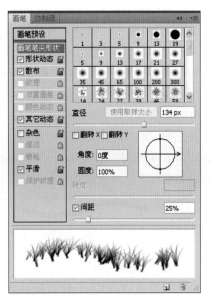

图 2-40　画笔笔尖形状

对于已经预存在"画笔"面板中的各个画笔,可以重新进行调整,将调整后的结果通过面板右上角弹出菜单中的"新画笔"命令存储为新的画笔。

自定义画笔的制作非常简单:将需要定义为画笔的内容以一个选择区域圈选起来,然后执行"编辑"|"定义画笔预设"命令,即可在"画笔"面板中出现一个新的画笔。

可以使用工具箱中的任何一种选择工具创建规则或不规则的选区,将选区的"羽化"值设置为 0 像素,得到的是硬边的画笔。如果要得到软边的画笔,可在定义选区的时候给出不同的羽化值。

定义的画笔形状的大小可高达 2500×2500 像素,为了使画笔效果更好,最好对画笔设定一个纯白色的背景,因为白色的背景在定义画笔之后,用此画笔绘制的时候,白色的部分是透明的。

自制画笔时最好使用灰度色彩,因为对于画笔来说,颜色是由当前使用的前景色来确定的,画笔只能记录画笔的形状和虚晕的变化。

如果要删除新建的画笔,可在"画笔"面板中选中"画笔预设"选项,按住 Alt 键,此时当鼠标移动到"画笔"面板的画笔预览图上时,就变成剪刀的形状,单击鼠标就可将画笔删除;或在"画笔"面板右上角的弹出菜单中执行"删除画笔"命令;也可以直接将画笔预览图拖到"画笔"面板右下角的删除图标上。

3. 画笔的选项设定

(1)"设定画笔笔尖形状"选项。如图 2-40 所示,在"画笔"面板中单击左侧的"画笔笔尖形状"栏,可弹出相应的控制项。

① 直径:用来控制画笔的大小。可以通过输入数字或拖曳滑钮来改变画笔大小。

② 使用取样大小:用于将画笔的大小恢复到原始的直径。这个选项只有在画笔是基于取样样本的情况下才有效。例如,对于通过各种选择工具创建选区后自定义的画笔就有效。

③ 角度:用于定义画笔长轴的倾斜角度,也就是偏离水平的距离。可以直接输入角度,或用鼠标拖曳右侧预视图中的水平轴来改变倾斜的角度。如果画笔为圆,角度设置没有实际意义。

④ 圆度:圆度表示椭圆短轴与长轴的比例关系。可以直接输入一个百分比,或用鼠标拖曳垂直轴上的两个黑色的结点来改变其圆度。圆度为 100% 表示是一个圆形的画笔,圆

度为 0％表示是一个线形的画笔,中间的数值表示是一个椭圆形的画笔。

⑤ 硬度:对于各种绘图工具(铅笔工具除外)来说,硬度相当于所画线条边缘的柔化程度。以一个百分数来表示。硬度最小(0％)表示画笔边缘的虚化由画笔的中心开始,而硬度最大(100％)则表示画笔边缘没有虚边(此时画出的线条好像也粗了一些)。

铅笔工具画出的是一种边缘很硬的线条,有很明显的锯齿边,更不会出现虚边现象,因此硬度的设置对于铅笔工具来说是无效的。

间距:是指选定了一种画笔后,画出的标记点之间的距离,它也是用相对于画笔直径的百分数来表示的。当选择铅笔工具,将画笔间距设置为 100％、200％、300％(最大为 999％)等整数时,很容易看出画笔间距的作用。如果使用毛笔或喷笔等工具,因为其边缘的虚化,会使两点间的间距看起来大于所设间距。图 2-41 所示的是 25％间距设置的效果。图 2-42 所示的是 125％间距设置的效果。

图 2-41　25％间距设置的效果

图 2-42　125％间距设置的效果

通常,画笔间距的默认设置为 25％,它可以确保所画线条的连续性。如果关闭了对话框中的间距控制,即不选择间距参数前的选择开关时,所画出线条的效果会完全依赖于鼠标移动的速度,移动快则两点间的间距大,移动慢则间距小。当鼠标移动得快时,画笔会出现跳跃现象,移动得越快,间隔越大。

(2)"形状动态"选项。"画笔"面板提供许多选项来增加画笔的动态效果。例如,可以设定选项使画笔的粗细、颜色和透明度呈现动态的变化。

有两个参数控制画笔的动态效果。

① 抖动:其百分比数值指定动态元素的自由随机度。数值为 0％时,在画笔绘制的过程中元素没有变化,数值为 100％时,画笔中的元素有最大的自由随机度。

② 控制:其弹出菜单中的选项用来定义如何控制动态元素的变化。选择 Off 表示关掉控制,选择"渐隐"可指定控制的范围在多少步以内,如果安装了压力敏感的数字化板,还可以指定"钢笔压力"、"钢笔斜度"和"光笔轮"控制项。

- 大小抖动和控制指定画笔在绘制线条的过程中标记点大小的动态变化状况。图 2-43 所示的是大小抖动为 0％的情况,图 2-44 所示的是大小抖动为 100％的情况。按"控制"后面的"渐隐"选项用来定义在指定的步数内初始的直径和最小的直径之间的过渡,每一步相当于画笔的一个标记点,其数字范围为 1～9999。例如,输入 10 将产生 10 步的渐隐变化。

图 2-43　大小抖动为 0％的效果

图 2-44　大小抖动为 100％的效果

- 最小直径。当选择"大小抖动",并设置了"控制"选项后,"最小直径"用来指定画笔标记点可以缩小的最小尺寸。它是以画笔直径的百分比为基础的。
- 倾斜缩放比例。当"控制"选项设定为"钢笔斜度"时,用来定义画笔倾斜的比例。此选项只有使用压力敏感的数字化板才有效。其数字大小也是以画笔直径的百分比为基础的。

- 角度抖动和控制。指定画笔在绘制线条的过程中标记点角度的动态变化状况。图 2-45 所示的是角度抖动为 0% 的情况,图 2-46 所示的是角度抖动为 100% 的情况。角度抖动的百分比数值是以 360° 为基础的。在"控制"的弹出项中,"渐隐"用来定义在指定步数内画笔标记点在 0°～360° 的变化。"钢笔压力"、"钢笔斜度"、"光笔轮"表示基于钢笔压力、钢笔倾斜度、钢笔位置的画笔标记点在 0°～360° 的角度变化情况,这 3 个选项只有在安装了数字化板以后才有效。"初始方向"将画笔标记点的角度基于画笔最初始的方向。"方向"将画笔标记点的角度基于画笔的方向。

图 2-45　角度抖动为 0% 的效果

图 2-46　角度抖动为 100% 的效果

- 圆度抖动和控制。指定画笔在绘制线条的过程中标记点圆度的动态变化状况。图 2-47 所示的是圆度抖动为 0% 的情况,图 2-48 所示的是圆度抖动为 100% 的情况。圆度抖动的百分比数值是以画笔短轴和长轴的比例为基础的。在"控制"的弹出项中,"渐隐"用来定义在指定步数内画笔标记点在 0%～100% 的圆度变化。图 2-49 所示的是圆度抖动为 0,渐隐为 25 的效果。

- 最小圆度。当选择"最小圆度",并设置了"控制"选项后,"最小圆度"用来指定画笔标记点的最小圆度。它的百分比数值是以画笔短轴和长轴的比例为基础的。

③"散布"选项。画笔的"散布"选项用来决定绘制线条中画笔标记点的数量和位置,如图 2-50 所示。

图 2-47　圆度抖动为 0% 的效果

图 2-48　圆度抖动为 100% 的效果

图 2-49　圆度抖动为 0,渐隐为 25 的效果

图 2-50　画笔"散布"选项

- 散布。"散布"方式是用来指定线条中画笔标记点的分布情况。当选中"两轴"时,画笔标记点是呈放状分布的;当不选择"两轴"时,画笔标记点的分布和画笔绘制线条

的方向垂直。

- 数量。数量用来指定每个空间间隔中画笔标记点的数量。
- 数量抖动。数量抖动用来定义每个空间间隔中画笔标记点的数量变化。同样可在"控制"后面的弹出菜单中选中不同的选项。

④"纹理"选项。使用一个纹理化的画笔就好像使用画笔在有各种纹理的帆布上作画一样。图 2-51 所示的是纹理设定的各个选项。

在"画笔"面板的最上方有纹理的预视图,单击右侧的小三角,在弹出的面板中可选择不同的图案纹理。单击"反相"前面的选项框可使纹理成为原始设定的反相效果。"缩放"用来指定图案的缩放比例。

"为每个笔尖设置纹理"选项用来定义是否每个画笔标记点都分别进行渲染。若不选择此项,则"最小深度"和"深度抖动"两个选项都是不可选的。

"模式"用来定义画笔和图案之间的混合模式。

"深度"用来定义画笔渗透到图案的深度。100％时,只有图案显示;0％时,只有画笔的颜色,图案不显示。

⑤"双重画笔"选项。"双重画笔"即使用两种笔尖效果创建画笔,如图 2-52 所示。

图 2-51 画笔"纹理"选项

图 2-52 画笔"双重画笔"选项

首先在"模式"弹出菜单中选择一种原始画笔和第二个画笔的混合方式,接着在下面的画笔预视框中选择一种笔尖作为第二个画笔。

"直径"用来控制第二个笔尖的大小,通过拖曳滑钮或输入数字可改变其大小,单击"使用取样大小"按钮,可回到最初笔尖的直径。

"间距"用来控制第二个画笔在所画线条中标记点之间的距离。

"散布"用来控制第二个画笔在所画线条中的分布情况。当选中"两轴"复选框时,画笔标记点是呈放射状分布的;当不选中"两轴"复选框时,画笔标记点的分布和画笔绘制线条的方向垂直。

"数量"用来指定每个空间间隔中第二个画笔标记点的数量。

⑥"颜色动态"选项。"颜色动态"中的设定项用来决定在绘制线条的过程中颜色的动态变化情况,如图 2-53 所示。

"前景/背景抖动"用来定义绘制的线条在前景和背景之间的动态变化。

"色相抖动"用来指定画笔绘制线条的色相的动态变化范围。

"饱和度抖动"用来指定画笔绘制线条的饱和度的动态变化范围。

"亮度抖动"用来指定画笔绘制线条的亮度的动态变化范围。

"纯度"用来定义颜色的纯度。当"亮度抖动"为 0 且"纯度"为－100 时,绘出的线条呈白色;当"纯度"为－100 时,改变"亮度抖动"的数值,可得到灰阶效果的动态变化效果。

⑦"其他动态"选项。"其他动态"中的设定项用来决定在绘制线条的过程中"不透明度抖动"和"流量抖动"的为态变化情况,如图 2-54 所示。

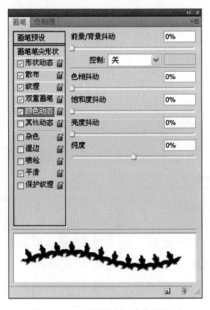

图 2-53　画笔"颜色动态"选项

图 2-54　画笔"其他动态"选项

⑧ 关于其他选项。在"画笔"面板中还有一些选项没有相应的数据控制,只需单击名称前面的方框将其选中就可显示其效果。

- "杂色"用于给画笔增加自由随机效果,对于软边的画笔效果尤其明显。
- "湿边"用于给画笔增加水笔的效果。
- "喷枪"模拟传统的喷枪,使图像有渐变色调的效果。此选项也可以在"画笔工具"的选项栏中设定。
- "平滑"使绘制的线条产生更顺畅的曲线。此选项对使用数字化板非常有效,缺点是会使绘制的速度减慢。
- "保护纹理"对所有的画笔执行相同的纹理图案和缩放比例。选择此选项后,当使用多个画笔时,可模拟一致的画布纹理效果。

2.2.3 绘图工具

绘图工具包括 画笔工具、铅笔工具、橡皮擦工具、背景橡皮擦工具、魔术橡皮擦工具、渐变工具、油漆桶工具等。在使用绘图工具的时候,在各自的工具选项栏中会涉及一些共同的选项,如不透明度、流量、强度或曝光度。

(1) 不透明度:用来定义画笔工具、铅笔工具、仿制图章工具、图案图章工具、历史画笔工具、艺术历史画笔工具、渐变工具和油漆桶工具绘制的时候笔墨覆盖的最大程度。

(2) 流量:用来定义画笔工具、仿制图章工具、图案图章工具及历史画笔工具绘制的时候笔墨扩散的量。

(3) 强度:用来定义模糊、锐化和涂抹工具作用的强度。

(4) 曝光度:用来定义减淡和加深工具的曝光程度。类似摄影技术中的曝光量,曝光量越大,透明度越低,反之,线条越透明。

虽然以上的各项具有不同的名称,但实际上它们控制的都是工具的操作力度。

通常"强度"和"曝光度"的默认值(即第一次安装软件,软件自定的设置值)都是 50%,而"不透明度"和"流量"的默认值都为 100%。

1. 画笔工具

使用画笔工具 可绘出边缘柔软的画笔效果,画笔的颜色为工具箱中的前景色。在画笔工具的选项栏中可看到如图 2-55 所示的选项。

图 2-55　画笔工具选项栏

单击工具选项栏中画笔后面的预视图标或小三角,可出现一个弹出式面板,可选择预设的各种画笔,选择画笔后再次单击预视图标或小三角将弹出式面板关闭。

在"模式"后面的弹出菜单中可选择不同的混合模式,并可设定画笔的"不透明度"和"流量"的百分比。

单击工具选项栏中的 图标,选中喷枪效果。当选中喷枪效果时,即使在绘制线条的过程中有所停顿,喷笔中的颜料仍会不停地喷射出来,在停顿处出现一个颜色堆积的色点。停顿的时间越长,色点的颜色也就越深,所占的面积也越大。

"流量"数值的大小和喷枪效果的作用力度有关。可以在"画笔"面板中选择一个直径较大并且边缘柔软的画笔,调节不同的"流量"数值,然后将画笔工具放在图像上,按住鼠标左键,观察笔墨扩散的情况,从而加深理解"流量"数值对喷枪效果的影响。

更多的画笔效果可以通过前面所讲的"画笔"面板的设定项来实现。

如果想使绘制的画笔保持直线效果,可在画面上单击,确定起始点,然后在按住 Shift 键的同时将鼠标键移到另外一处,再单击鼠标,两个点之间就会自动连接起来形成一条直线。

2. 铅笔工具

使用铅笔工具可绘出硬边的线条,如果是斜线,会带有明显的锯齿。绘制的线条颜色为工具箱中的前景色。在铅笔工具选项栏的弹出式面板中可看到硬边的画笔,如

图 2-56 所示。

在铅笔工具的选项栏中有一个"自动抹掉"选项。选中此选项后,如果铅笔线条的起点处是工具箱中的前景色,铅笔工具将和橡皮擦工具相似,会将前景色擦除至背景色;如果铅笔线条的起点处是工具箱中的背景色,铅笔工具会和绘图工具一样使用前景色绘图;铅笔线条起始点的颜色与前景色和背景色都不同时,铅笔工具也是使用前景色绘图。

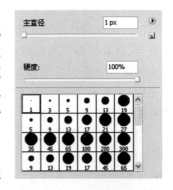

图 2-56 "铅笔"选项栏的
弹出面板

3. 橡皮擦工具

橡皮擦工具可将图像擦除至工具箱中的背景色,并可将图像还原到"历史记录"面板中图像的任何一个状态。

单击工具箱中的橡皮擦工具,弹出橡皮擦工具选项栏如图 2-57 所示。在"模式"后面的弹出菜单中可选择不同的橡皮擦类型:"画笔"、"铅笔"和"块"。当选择不同的橡皮擦类型时,工具选项栏中的设定项也是不同的。选择"画笔"和"铅笔"选项时,与画笔和铅笔的用法相似,只是绘画和擦除的区别。选择"块",就是一个方形的橡皮擦。

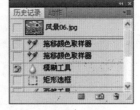

图 2-57 橡皮擦工具选项栏

橡皮擦工具的选项栏中有一个"抹到历史记录"的选项,选择此选项后,当将橡皮擦工具移动到图像上时则变成图标,可将图像恢复到"历史记录"面板中任何一个状态或图像的任何一个"快照"。只需打开"历史记录"面板,单击"历史记录"面板最左侧的方块,使之出现历史画笔的图标,如图 2-58 所示箭头所指,表示选中了此状态。此时使用橡皮擦工具就可将图像恢复到此状态的样子。

在选择"抹到历史记录"选项的状态下,若要临时关闭此选项,可在操作过程中按住 Alt 键。

图 2-58 "历史记录"面板

4. 背景橡皮擦工具

背景橡皮擦工具可将图层上的颜色擦除成透明,单击工具箱中的工具就会出现其选项栏,如图 2-59 所示。

图 2-59 背景橡皮擦工具选项栏

背景擦除工具可以在去掉背景的同时保留物体的边缘。通过定义不同的取样方式和设定不同的"容差"数值,可以控制边缘的透明度和锐利程度。背景擦除工具在画笔的中心取色。当工具移动到图像上时可看到圆形的中心有十字符号,表示取样的中心,不受中心以外其他颜色的影响。另外,它还对物体的边缘进行颜色提取,所以当物体被粘贴到其他图像上时边缘不会有光晕出现。

背景擦除工具不受"图层"面板上透明锁定的影响。使用背景擦除工具后原来的背景图像自动转化为普通图层。

（1）在"限制"弹出式菜单中，执行"不连续"命令可以删除所有的取样颜色，执行"邻近"命令，只有取样颜色相关联的区域才会被擦除，若选择"寻找边缘"选项则擦除包含取样颜色相关区域并保留形状边缘的清晰和锐利。

（2）"容差"选项用来控制擦除颜色的范围，数值越大则每次擦除的颜色范围就越大。如果数值比较小，则只擦除和取样颜色相近的颜色。

（3）对于图像不希望被擦除的范围，可以按住 Alt 键，此时鼠标会变成吸管工具，单击不希望被擦除的颜色，该颜色会被设定为前景色，此时选中"保护前景色"选项，就可以将前景色保护起来不被擦除。

（4）使用取样按钮可以设定所要擦除颜色的取样方式。

① 连续 ✎：随着鼠标的移动而不断吸取颜色，因此鼠标经过的地方就是被擦除的部分。

② 一次 ✎：以鼠标第一次单击的地方作为取样的颜色，随后将只以这个颜色为基准擦去容差范围内的颜色。

③ 背景色板 ✎：以背景色作为取样颜色，可以擦除与背景色相近或相同的颜色。

5. 魔术橡皮擦工具

魔术橡皮擦工具可根据颜色近似程度来确定将图像擦成透明的程度，而且它的去背景效果比常用的路径还要好。

当使用魔术橡皮擦工具在图层上单击，工具会自动将所有相似的像素如图 2-60 所示变为透明，如图 2-61 所示。如果当前操作的是背景层，操作完成后变成普通图层。如果是锁定透明的图层，像素变为背景色。

 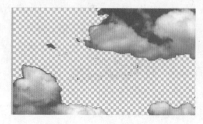

图 2-60　原图　　　　　　　　　　　　图 2-61　效果

单击工具箱中的魔术橡皮擦工具图标，以显示其工具选项栏，如图 2-62 所示。

图 2-62　魔术橡皮擦工具选项栏

（1）在工具选项栏中，可以输入颜色的"容差"数值，输入数值越大代表可擦除范围越广，选择"消除锯齿"选项可以使擦除后图像的边缘保持平滑。

（2）选择"连续"选项只会去除图像中和单击点相似并连续的部分，如果不选择此项，将擦除图像中所有和鼠标单击点相似的像素，不管是否和鼠标单击点连续。

（3）"对所有图层取样"选项和 Photoshop 中的图层有关，当选择此选项后，不管当前在哪个层上操作，所使用的工具对所有的图层都起作用，而不是只针对当前操作的层。

6. 渐变工具

渐变工具用来填充渐变色,如果不创建选区,渐变工具将作用于整个图像。此工具的使用方法是按住鼠标拖曳,形成一条直线,直线的长度和方向决定了渐变填充的区域和方向,拖曳鼠标的同时按住 Shift 键可保证鼠标的方向是水平、竖直或 45°。选择工具箱中的渐变工具,可看到如图 2-63 所示的工具选项栏。

图 2-63　渐变工具选项栏

在工具选项栏中,通过单击小图标,可选择不同类型的渐变,包括线性渐变、放射状渐变、角度渐变、对称渐变和菱形渐变。这些渐变工具的使用方法相同,但产生的渐变效果不同。

在工具选项栏中,可在“模式”的弹出菜单中选择渐变色和底图的混合模式。通过调节“不透明度”后面的数值改变整个渐变色的透明度。“反向”选项可使现有的渐变色逆转方向。“仿色”选项用来控制色彩的显示,选中它可以使色彩过渡更平滑。选择“透明区域”选项对渐变填充使用透明蒙版。

如图 2-64 所示,单击渐变预览图标后面的小三角,会出现弹出式的“渐变”面板,在面板中可以选择预定的渐变,也可以自己定义渐变色。下面介绍如何设定新的渐变色。

(1) 用鼠标单击渐变工具选项栏中的渐变预视图标,弹出“渐变编辑器”对话框,如图 2-65 所示。任意单击一个渐变图标,在“名称”后面就会显示其对应的名称,并在对话框的下部的渐变效果预视条中显示渐变的效果且可进行渐变的调节。

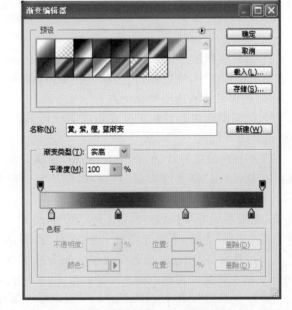

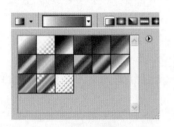

图 2-64　渐变工具的弹出式面板　　　　图 2-65　“渐变编辑器”对话框

(2) 在已有的渐变样式中选择一种渐变作为编辑的基础,在渐变效果预视条中调节任何一个项目后,“名称”后面的名称自动变成“自定”,用户可以输入自己喜欢的名字。

（3）渐变效果预视条下端有颜色标记点▲图标，图标的上半部分的小三角是白色，表示没有选中，单击图标，上半部分的小三角变黑，表示已将其选中。

在下面的"色标"栏中，"颜色"后面的色块会显示当前选中标记点的颜色，单击此色块，在弹出的"拾色器"对话框中修改颜色。图标的下半部分是方形，方形的颜色表示其在渐变效果预视条上对应的颜色和"颜色"后面色块的颜色是一样的。

在"位置"后面显示标记点在渐变效果预视条的位置，用户可以输入数字来改变颜色标记点的位置，也可以直接拖动渐变效果预视条下端的颜色标记点。单击后面的"删除"按钮可将此颜色标记点删除。

可以通过对话框中的"平滑度"来设定两个渐变色之间的平滑过渡情况。

两个颜色标记点之间有一个很小的菱形，默认情况是菱形位于两个标记点的中间，如图 2-66 所示，其颜色组成是两边颜色标记点对应颜色各占 50%。可以用鼠标直接拖动它改变其位置。单击此菱形（变黑表示选中），在"色标"栏中会显示其位置。

（4）渐变效果预视条上端有不透明度标记点▮，图标的下半部分的小三角是白色，表示没有选中，用鼠标单击图标，下半部分的小三角变黑，表示已将其选中。

在下面的"色标"栏中，"不透明度"后面会显示当前选中标记点的不透明度。在"位置"后面显示标记点的位置。单击后面的"删除"按钮可将此不透明度标记点删除。

两个不透明度标记点之间也有一个很小的菱形，默认情况是位于两个标记点的中间，如图 2-67 所示，其不透明度组成是两边不透明度标记点对应不透明度各占 50%。可以直接拖曳它改变其位置。

图 2-66　颜色标记点

图 2-67　不透明度标记点

（5）如果要删除颜色标记点或不透明度标记点，直接将其拖离渐变效果预视条就可以了，或单击将其选中，然后单击"色标"栏中的"删除"按钮。渐变效果预视条上至少要有两个颜色标记点和两个不透明度标记点。

（6）如果要增加颜色标记点或不透明度标记点，直接在渐变效果预视条上任意位置单击就可以了。

（7）将颜色设定好后，单击"新建"按钮，在渐变显示窗口中就会出现新创建的渐变。单击"确定"按钮，退出"渐变编辑器"对话框，在工具选项栏的弹出面板中就可看到新定义的渐变色。

在"渐变编辑器"对话框中，"渐变类型"后面的弹出菜单中有两个选项，前面所讲的是比较常见的"实底"类型，下面介绍另一种"杂色"类型，如图 2-68 所示。

① "粗糙度"用来控制杂色渐变颜色的平滑度，输入的数值范围为 0%～100%，数值越高则渐变颜色转换时其颜色越不平滑。

② "颜色模型"：RGB、HSB 或 Lab 颜色模型都可以作为随机产生颜色的基础。

③ 色彩调整滑钮：当选择不同的色彩模式时，这里会出现不同的色彩滑钮，用来限制杂色渐变的颜色范围。

④ "限制颜色"：限定杂色渐变中的颜色，使渐变过渡更加平滑。

⑤ "增加透明度"：可增加杂色渐变的透明效果。

图 2-68　渐变编辑器杂色类型

⑥ "随机化"按钮：杂色渐变会重新取样产生新的杂色渐变。

7. 油漆桶工具

油漆桶工具可根据像素的颜色的近似程度来填充颜色，填充的颜色为前景色或连续图案。单击工具箱中的油漆桶工具，就会出现油漆桶工具选项栏，如图 2-69 所示。

图 2-69　油漆桶工具选项栏

（1）填充：有两个选项，"前景"表示在图中填充的就是工具箱中的前景色，"图案"表示在图中填充的就是连续的图案。当选中"图案"选项时，在其后的图案弹出式面板中可选择不同的填充图案。

（2）"模式"后面的弹出菜单用来选择填充颜色或图案和图像的混合模式。

（3）"不透明度"用来定义填充的不透明度。

（4）"容差"用来控制油漆桶工具每次填充的范围，数字越大，允许填充的范围也越大。

（5）"消除锯齿"：选择此项，可使填充的边缘保持平滑。

（6）"连续的"：选中此选项填充的区域是和单击点相似并连续的部分，如果不选择此项，填充的区域是所有和鼠标单击点相似的像素，不管是否和鼠标单击点连续。

（7）"所有图层"：当选择此选项后，不管当前在哪个层上操作，用户所使用的工具对所有的层都起作用，而不是只针对当前操作层。

图 2-70 所示的是原始的图像；图 2-71 是边缘填充前景色（蓝色）的效果；图 2-72 是边缘填充图案的效果。因为边缘是单一灰色，所以只需用油漆桶工具在边缘的灰色处单击一次就可以了。

图 2-70　原图　　　　　图 2-71　边缘填充前景色的效果　　　图 2-72　边缘填充图案的效果

2.2.4　图像修饰工具

图像修饰工具包括仿制图章、图案图章、污点修复画笔、修复画笔、修补、红眼、颜色替换、模糊、锐化、涂抹、减淡、加深以及海绵工具，可以使用它们来修复和修饰图像。

1. 仿制图章工具

使用仿制图章工具可准确复制图像的一部分或全部从而产生某部分或全部的副本，它是修补图像时常用的工具。例如，若原有图像有折痕，可用此工具选择折痕附近颜色相近的像素点来进行修复。

单击工具箱中的仿制图章工具，便出现如图 2-73 所示的工具选项栏，在画笔预览图的弹出面板中选择不同类型的画笔来定义仿制图章工具的大小、形状和边缘软硬程度。在"模式"弹出菜单中选择复制的图像以及与底图的混合模式，并可设定"不透明度"和"流量"，还可以选择喷枪效果。

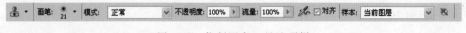

图 2-73　仿制图章工具选项栏

在有很多图层的情况下，"样本"有 3 个选项。

（1）"当前图层"：选择此选项，仿制图章工具只对当前图层的内容进行仿制。

（2）"当前和下方图层"：选择此选项，仿制图章工具只对当前图层与当前图层下方的所有图层内容进行仿制。

（3）"所有图层"：选择此选项后再用仿制图章工具，不管当前选择了哪个层，此选项对所有的可见层都起作用。

在图层中包含调整图层时，使用打开以在仿制时忽略调整图层按钮 。

下面介绍仿制图章工具的具体使用方法。

（1）在仿制图章工具的选项栏中选择一个软边和大小适中的画笔，然后将仿制图章工具移到图像中，按住 Alt 键的同时单击鼠标确定取样部分的起点。

（2）将鼠标移到图像中另外的位置，当按下左键时，会有一个十字形符号标明取样位置和仿制图章工具相对应，拖曳鼠标就会将取样位置的图像复制下来。

（3）仿制图章工具不仅可在一幅图像上操作，而且还可从任何一幅打开的图像上取样后复制到现用图像上，但却不改变现用图像和非现用图像的关系。注意，两张图像的颜色模式必须一样才可以执行此项操作。在复制图像的过程中可改变画笔的大小及其他设定项以达到精确修复的目的。

在仿制图章选项面板中有一个"对齐"选项，这一选项在修复图像时非常有用。因为在复制过程中可能需要经常停下来，以更改仿制图章工具的大小和软硬程度，然后继续操作，因而复制会终止很多次，若选择"对齐"选项，下一次的复制位置会和上次的完全相同，图像的复制不会因为终止而发生错位。

若不选择"对齐"选项，一旦松开鼠标键，表示这次的复制工作结束，当再次按下左键时，表示复制重新开始，每次复制都从取样点重新开始。所以应用此选项对得到多个副本非常有帮助。

前面所讲的限于只有一次取样点，若按住 Alt 键在不同的位置再一次取样，复制就会从新的取样点开始。

2. 图案图章工具

使用图案图章工具可将各种图案填充到图像中。图案图章工具的选项栏如图 2-74 所示。它和前面所讲的仿制图章工具的设定项相似,不同的是图案图章工具直接以图案进行填充,不需要按住 Alt 键进行取样。

图 2-74　图案图章工具选项栏

可以在图案预览图的弹出面板中选择预定好的图案,也可以使用自定义的图案,方法是用矩形选框工具选择一个没有羽化设置的区域(羽化＝0),执行"编辑"|"定义图案"命令,弹出"图案名称"对话框,在"名称"栏中输入图案的名称,单击"确定"按钮即可将图案存储起来。在图案图章工具选项栏中的图案弹出式面板中可看到新定义的图案。

定义好图案后,直接以图案图章工具在图像内绘制,即可将图案一个挨一个整齐排列在图像当中。图案图章工具选项栏中同样有一个"对齐"选项,选择这一选项时,无论复制过程中停顿多少次,最终的图案位置都会非常整齐;而取消这一选项,一旦图案图章工具使用过程中断,再次开始时图案将无法以原先的规则排列。

3. 污点修复画笔工具

污点修复画笔工具用于快速移去图像中的污点和其他不理想部分。和修复画笔工具相似,"污点修复画笔工具"使用图像或图案中的样本进行绘画,并将样本的纹理、光照、透明度和阴影与所修复的像素相匹配。与修复画笔不同,污点修复画笔不需要指定样本点,污点修复画笔将会在需要修复区域外的图像周围自动取样。

在图 2-75 所示的污点修复画笔工具的工具选项栏中,在"画笔"弹出面板中选择画笔的大小来定义修复画笔工具的大小和形状;在"模式"后面的弹出菜单中选择自动修复的像素和底图的混合方式。

图 2-75　污点修复画笔工具选项栏

在"类型"后面有两个选项,当选择"近似匹配"时,自动修复的像素可以获得较平滑的修复结果当选择"创建纹理"时,自动修复的像素将会以修复区域周围的纹理填充修复结果。"对所有图层取样"选项可以使污点修复画笔工具在修复过程中取样于所有可见图层。

4. 修复画笔工具

修复画笔工具用于修复图像中的缺陷,并能使修复的结果自然溶入周围的图像。和图章工具类似,修复画笔工具也从图像中取样复制到其他部位,或直接用图案进行填充。不同的是,修复画笔工具在复制或填充图案的时候,会将取样点的像素信息自然溶入到复制的图像位置,并保持其纹理、亮度和层次,被修复的像素和周围的图像完美结合。

在如图 2-76 所示的修复画笔工具选项栏中,可以看到和图章工具类似的选项。在画笔

图 2-76　修复画笔工具选项栏

弹出面板中选择画笔的大小来定义修复画笔工具的大小；在"模式"后面的弹出菜单中选择复制或填充的像素和底图的混合方式。在画笔弹出面板中只能选择圆形的画笔，如图 2-77 所示，只能调节画笔的粗细、硬度、间距、角度和圆度的数值，这是和图章工具的不同之处。

在"源"后面有两个选项，当选择"取样"时，和仿制图章工具相似，首先按住 Alt 键确定取样起点，然后松开该键，将鼠标移动到要复制的位置，单击或拖曳鼠标；当选择"图案"时，和图案图章工具相似，在弹出面板中选择不同的图案或自定义图案进行图像的填充。

图 2-77　修复画笔工具的画笔弹出面板

"对齐"与"样本"选项的使用和前面讲到的仿制图章工具中此选项的使用完全相同。

如果是在两个图像之间进行修复工作，同样要求两个图像有相同的图像模式。

5. 修补工具

使用修补工具可以从图像的其他区域或使用图案来修补当前选中的区域。它与修复画笔工具相同之处是修复的同时也保留图像原来的纹理、亮度及层次等信息。图 2-78 所示为修补工具的工具选项栏。

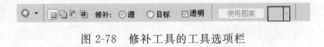

图 2-78　修补工具的工具选项栏

在执行修补操作之前，首先要确定修补的选区，可以直接使用修补工具在图像上拖曳形成任意形状的选区，也可以采用其他的选择工具进行选区的创建。

在修补工具选项栏中，启用"源"单选按钮，可以将选区边框拖移到想要从中进行取样的区域。松开鼠标时，原来选中的区域被使用样本像素进行修补；启用"目标"单选按钮，可以将选区边框拖移到要修补的区域。松开鼠标时，即会使用样本像素修补新选中的区域。

在使用任何一个选择工具创建完选区后，修补工具选项栏中的"使用图案"按钮就变成可选项。在弹出的"图案"面板中选择图案，然后单击"使用图案"按钮，图像中的选区就会被填充上所选择的图案。

6. 红眼工具

红眼工具可以移去闪光灯拍摄的人物照片中的红眼，也可以移去用闪光灯拍摄的动物照片中的白色或绿色反光。红眼是由于相机闪光灯在视网膜上反光引起的。

打开需要修改的图像，在工具栏中选择红眼工具，在需要修复红眼的图像处单击，如结果不满意可以使用 Ctrl＋A 键进行撤销，调整工具选项栏中的"瞳孔大小"和"变暗量"，再次使用红眼工具单击修复红眼，直到结果满意为止。

（1）"瞳孔大小"：设置瞳孔的大小。

（2）"变暗量"：设置瞳孔的变暗程度。

7. 颜色替换工具

使用颜色替换工具能够简化图像中特定颜色的替换。可以用校正颜色在目标颜色上绘画(例如,图像中人物的衣服的颜色)。其操作步骤如下。

打开需要修改的图像,如图 2-79 所示,在选项栏中选取画笔笔尖。设置混合模式为"颜色",选择前景色为蓝色。先使用吸管工具将背景色设定为衣服的颜色,在工具栏中选中"背景色板"图标,将"容差"设定为 30%,如图 2-80 所示,使用颜色替换工具在衣服部位进行绘制,将衣服颜色改为蓝色,如图 2-81 所示。

图 2-79　颜色替换工具选项栏

图 2-80　原图

图 2-81　效果图

(1)取样。

①"连续":用来在拖移时对颜色连续取样。

②"一次":用来替换第一次单击选择的颜色所在区域中的目标颜色。

③"背景色板":用来抹除包含当前背景色的区域。

(2)限制。

①"不连续":用来替换出现在指针下任何位置的样本颜色。

②"邻近":用来替换与紧挨在指针下的颜色邻近的颜色。

③"查找边缘":用来替换包含样本颜色的相连区域,同时更好地保留形状边缘的锐化程度。

(3)容差。用来输入一个百分比值(范围为 1%~100%)或者拖移滑块。选取较低的百分比可以替换与所选像素非常相似的颜色,而增加该百分比可替换范围更广的颜色。

(4)消除锯齿。用来为所校正的区域定义平滑的边缘。

颜色替换工具不适用于"位图"、"索引"或"多通道"颜色模式的图像。

8. 模糊/锐化工具

模糊/锐化工具可使图像的一部分边缘模糊或清晰,常用于对细节的修饰。在按住 Alt 键的同时单击工具箱中的此工具图标就可在模糊工具和锐化工具之间切换。两者的工具选项栏中的选项也是相同的,如图 2-82 所示。

图 2-82　模糊/锐化工具

其中可调节"强度"的大小,强度越大,工具产生的效果就越明显。在"模式"后面的弹出菜单中可设定工具和底图不同的作用模式。

当选中"对所有图层取样"选项时,这两个工具在操作过程中就不会受不同图层的影响,不管当前是哪个活动层,模糊工具和锐化工具都对所有图层上的像素起作用。

模糊工具可降低相邻像素的对比度,将较硬的边缘软化,使图像柔和。

锐化工具可增加相邻像素的对比度,将较软的边缘明显化,使图像聚焦。这个工具并不适合过渡使用,因为将会导致图像严重失真。

9. 涂抹工具

涂抹工具用于模拟用手指涂抹油墨的效果,以涂抹工具在颜色的交界处作用,会有种相邻颜色互相挤入而产生的模糊感。涂抹工具不能在"位图"和"索引颜色"模式的图像上使用。

在如图 2-83 所示的涂抹工具的选项栏中,可以通过"强度"来控制手指作用在画面上的工作力度。默认的"强度"为 50%,"强度"数值越大,手指拖出的线条就越长,反之则越短。如果"强度"设置为 100%,则可拖出无限长的线条来,直至松开鼠标按键。

图 2-83 涂抹工具选项栏

当选中"手指绘画"选项时,每次拖曳鼠标绘制的开始就会使用工具箱中的前景色。如果我们将"强度"设置为 100%,则绘图效果与画笔工具完全相同。

另外,在涂抹工具的使用过程中,键盘上的 Alt 键可以随时控制"手指绘画"选项的开关。即选择"手指绘画"选项时,按下 Alt 键相当于暂时关闭这一选择;而没选时,按 Alt 键则相当于暂时选中了它。

"对所有图层取样"选项和图层有关,当选中此选项时,涂抹工具的操作对所有的图层都起作用。

10. 减淡/加深/海绵工具

减淡工具、加深工具和海绵工具主要用来调整图像的细节部分,可使图像的局部变淡、变深或使色彩饱和度增加或降低。

减淡工具可使细节部分变亮,类似于加光的操作。单击工具箱中的减淡工具,弹出如图 2-84 所示的减淡工具选项栏,在"范围"后面的弹出菜单中可分别选择"暗调"、"中间调"和"高光";可设定不同的"曝光度",曝光度越高,减淡工具的使用效果就越明显。另外,还可选择喷枪效果。在 Photoshop CS4 中增加了"保护色调"的复选项,选中该选项,可以最小化阴影和高光中的修剪,还可以防止颜色发生色相偏移。

图 2-84 减淡/加深工具选项栏

加深工具可使细节部分变暗,类似于遮光的操作。单击工具箱中的加深工具,其工具选项栏和减淡工具相同。

海绵工具用来增加或降低颜色的饱和度。单击工具箱中的海绵工具,在图 2-85 所示的海绵工具选项栏中可选择"饱和"选项增加图像中某部分的饱和度,或选择"降低饱和度"选项来减少图像中某部分的饱和度,可设定不同的"流量"值来控制加色或去色的程度,另外也可选择喷枪效果。在 Photoshop CS4 中增加了"自然饱和度"的复选项。选中该复选框,可以最小化完全饱和色或不饱和色的修剪。

图 2-85　海绵工具选项栏

如果在画面上反复使用海绵的去色效果,则可能使图像的局部变为灰度;而使用加色方式修饰人像面部的变化时,又可起到绝好的上色效果。

2.2.5　图像的恢复

在实际工作中,对某些操作会经常修改,还可能有很多误操作,Photoshop 提供了还原操作的菜单命令,并有"历史记录"面板提供更强大的修复功能。

1. 恢复命令

大多数误操作都可以还原。也就是说,可将图像的全部或部分内容恢复到上次存储的版本。

(1) 恢复。执行"文件"|"恢复"命令,能将被编辑过的图像恢复到上一次存储的状态。

(2) 还原/重做。执行"编辑"|"还原"命令,可以还原前一次对图像所执行的操作。如果操作不能还原,则此命令将变成灰色状态。而执行"编辑"|"重做"命令,则能重新执行前一次操作。

(3) 向前一步/向后一步。此命令与"还原/重做"不同的是它可以多次执行"向前一步/向后一步"命令,可将文件还原成处理前或处理后的数个状态(向前或向后还原的步数和"历史记录"面板中记录的步数相同)。

2. 使用"历史记录"面板

"历史记录"面板是用来记录操作步骤的,如果有足够的内存,"历史记录"面板会将所有的操作步骤都记录下来,可以随时返回任何一个步骤,查看任何一步操作时图像的效果。不仅如此,配合历史画笔工具和艺术历史画笔工具的使用,还可以将不同步骤所创建的效果结合起来。

执行"窗口"|"历史记录"命令,弹出"历史记录"面板,如图 2-86 所示。

在"历史记录"面板的最左边,是一排方框,单击方框,会出现 ▨图标,表示此状态作为历史记录画笔的"源"图像,一次只能选择一种状态。

在图 2-86 所示"历史记录"面板中, ▨图标右边的小图像是当前图像的缩微图,被称为"快照"。

图 2-86　"历史记录"面板

当刚刚打开一个图像时,只有一个"状态",表明执行了一个操作步骤,其名称通常是"打开",在其左边是一个滑标,当执行不同的步骤时,在"历史记录"面板中会记录下来,并根据所执行命令的名称自动命名,滑标始终随着操作向下移动。用户可以单击任何一个记录的状态,滑标就会出现在选中的状态前面,其下面的状态就会变成灰色,名称变成斜体字。

根据软件内定的情况,在"历史记录"面板中只保留 20 步操作,当超过这个数量时,软件会自动清除前面的步骤以腾出内存空间,提高 Photoshop 的工作效率。如果有比较多的内存,可设定更多可记录的步骤,方法是执行"编辑"|"首选项"|"性能"命令,弹出"首选项"对话框,在"历史记录状态"后面的数字框中输入需要的数值。

如果要保留一个特定的状态,可选择"历史记录"面板右上角弹出菜单中的"新快照"命令,或直接单击"历史记录"面板下面的 📷 图标,这样就会将当前选中的状态生成新的快照。快照不与图像一起存储,关闭图像时将自动删除其快照。

3. 历史记录艺术画笔工具

艺术历史画笔工具可使用指定历史状态或"快照"作为绘画源来绘制各种艺术效果的笔触,利用如图 2-87 所示的工具选项栏中的各项设定,可以创建不同的艺术效果。

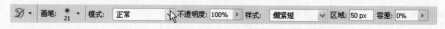

图 2-87　历史记录艺术画笔工具选项栏

2.2.6　工具的绘图模式

前面讲解的绘图工具的选项栏中都有"模式"下拉列表,如图 2-88 所示。它是用来定义绘图色和底图的作用模式的。下面以画笔工具为例说明其原理。

任意打开一幅图像,选择工具箱中的画笔工具,然后在画笔工具选项栏的画笔弹出面板中选择一个合适的画笔,设定不同的模式后在图像上绘图,便会得到不同的结果。

为了叙述方便,暂且将原图像中的颜色称为"底色",画笔的颜色称为"绘图色",将通过混合模式得到的最后颜色称为"最终色"。

1. 正常模式

正常模式是默认的状态,其最终色和绘图色相同。可改变画笔工具选项栏中的"不透明度"来设定不同的透明度。

在英文输入状态下,可以通过数字键盘来改变透明度,1~9 分别代表 10%~90%,0 代表 100%,也就是说,当按 5 键时,不透明度后面数字框中的数字为 50%。

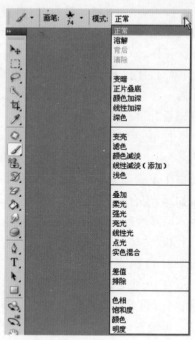

图 2-88　"模式"下拉列表

当图像的颜色模式是"位图"或"索引颜色"时,"正常"模式就变成"阈值(Threshold)"模式。

2. 溶解模式

溶解模式的最终色和绘图色相同,只是根据每个像素点所在位置的透明度的不同,可随机以绘图色和底色取代。透明度越大,溶解效果就越明显。

3. 背后模式

背后模式的最终色和绘图色相同。当在有透明区域的图层上操作时背后模式才会出现,可将绘制的线条放在图层中图像的后面。

4. 清除模式

清除模式同背后模式一样,当在图层上操作时,清除模式才会出现。利用"清除"模式可将图层中有像素的部分清除掉,使之透明。

当有图层时,利用清除模式,使用喷漆桶工具可以将图层中的颜色相近的区域清除掉。可在喷漆桶工具的选项栏中设定"工具预设"以确定喷漆桶工具所清除的范围。工具选项栏中的"用于所有图层"选项在清除模式下无效。

5. 变暗模式

变暗模式用于查找各颜色通道内的颜色信息,并按照像素对比底色和绘图色,哪种更暗,便以哪种颜色作为此像素最终的颜色,也就是取两种颜色中的暗色作为最终色。亮于底色的颜色被替换,暗于底色的颜色保持不变。

6. 正片叠底模式

正片叠底模式将两个颜色的像素值相乘,然后再除以 255,得到的结果就是最终色的像素值。通常执行正片叠底模式后的颜色比原来的两种颜色都深。任何颜色和黑色执行正片叠底模式得到的仍然是黑色,任何颜色和白色执行"正片叠底"模式则保持原来的颜色不变,而与其他颜色执行此模式会产生暗室中以此种颜色照明的效果。

像素点的像素值是 0~255,黑色的像素值是 0,白色的像素值是 255。

7. 颜色加深和线性加深模式

颜色加深模式查看每个通道的颜色信息,通过增加"对比度"使底色的颜色变暗来反映绘图色,和白色混合没有变化。

线性加深模式查看每个通道的颜色信息,通过降低"亮度"使底色的颜色变暗来反映绘图色,和白色混合没有变化。

8. 深色

深色模式比较混合色和基色的所有通道值的总和并显示值较小的颜色。"深色"不会生成第 3 种颜色,因为它将从基色和混合色中选择最小的通道值来创建结果颜色。

9. 变亮和滤色模式

变亮模式查看每个通道内的颜色信息,并按照像素对比两种颜色,哪种更亮,便以哪种颜色作为此像素最终的颜色,也就是取两种颜色中的亮色作为最终色。绘图色中亮于底色的颜色被保留,暗于底色的颜色被替换。

滤色模式的作用结果和正片叠底模式刚好相反,它是将两个颜色的互补色的像素值相乘,然后再除以 255 得到最终色的像素值。通常执行滤色模式后的颜色都较浅。任何颜色和黑色执行滤色模式,原颜色不受影响;任何颜色和白色执行滤色模式得到的是白色。而与其他颜色执行此模式会产生漂白的效果。

10. 颜色减淡和线性减淡模式

颜色减淡模式查看每个通道的颜色信息,通过降低"对比度"使底色的颜色变亮来反映绘图色,和黑色混合没有变化。

线性减淡模式查看每个通道的颜色信息,通过增加"亮度"使底色的颜色变亮来反映绘图色,和黑色混合没有变化。

11. 浅色

浅色模式比较混合色和基色的所有通道值的总和并显示值较大的颜色。"浅色"不会生成第 3 种颜色,因为它将从基色和混合色中选择最大的通道值来创建结果颜色。

12. 叠加模式

叠加模式在保留底色明暗变化的基础上使用正片叠底模式或滤色模式,绘图色的颜色被叠加到底色上,但保留底色的高光和阴影部分。底色的颜色没有被取代,而是和绘图色混合来体现原图的亮部和暗部。使用此模式可使底色的图像的饱和度及对比度得到相应的提高,使图像看起来更加鲜亮。

13. 柔光和强光模式

柔光模式根据绘图色的明暗程度来决定最终色是变亮还是变暗。当绘图色比 50% 的灰要亮时,底色图像变亮,如果绘图色比 50% 的灰要暗,则底色图像就变暗。如果绘图色有纯黑色或纯白色,最终色不是黑色或白色,而是稍微变暗或变亮。如果底色是纯白色或纯黑色,没有任何效果。此效果与发散的聚光灯照在图像上相似。

强光模式根据绘图色来决定是执行正片叠底模式还是滤色模式。当绘图色比 50% 的灰要亮时,则底色变亮,就像执行滤色模式一样,这对增加图像的高光非常有帮助;如果绘图色比 50% 的灰要暗,则就像执行正片叠底模式一样,这可增加图像的暗部;当绘图色是纯白色或黑色时得到的是纯白色和黑色。此效果与耀眼的聚光灯照在图像上相似。

14. 亮光模式

亮光模式根据绘图色通过增加或降低"对比度"加深或减淡颜色。如果绘图色比 50% 的灰亮,图像通过降低对比度被照亮;如果绘图色比 50% 的灰暗,图像通过增加对比度变暗。

15. 线性光模式

线性光模式根据绘图色通过增加或降低"亮度"加深或减淡颜色。如果绘图色比 50% 的灰亮,图像通过增加亮度被照亮;如果绘图色比 50% 的灰暗,图像通过降低亮度变暗。

16. 点光模式

点光模式根据绘图色替换颜色。如果绘图色比 50% 的灰要亮,绘图色被替换,比绘图色亮的像素不变化;如果绘图色比 50% 的灰要暗,比绘图色亮的像素被替换,比绘图色暗的像素不变化。点光模式对图像增加特殊效果非常有用。

17. 实色混合

实色混合模式对绘图颜色与底图颜色的颜色数值相加,当相加的颜色数值大于该颜色模式颜色数值的最大值,混合颜色为最大值;当相加的颜色数值小于该颜色模式颜色数值的最大值,混合颜色为 0;当相加的颜色数值等于该颜色模式颜色数值的最大值,混合颜色由底图颜色决定,底图颜色的颜色值比绘图颜色的颜色值大,则混合颜色为最大值,反之则为 0。实色混合能够产生颜色较少、边缘较硬的图像效果。

18. 差值和排除模式

差值模式查看每个通道中的颜色信息,比较底色和绘图色,用较亮的像素点的像素值减去较暗的像素点的像素值,差值作为最终色的像素值。与白色混合将使底色反相;与黑色混合则不产生变化。

排除模式可生成和差值模式相似的效果,但比差值模式生成的颜色对比度较小,因而颜色较柔和。与白色混合将使底色反相,与黑色混合则不产生变化。

19. 色相和饱和度模式

色相模式采用底色的亮度、饱和度以及绘图色的色相来创建最终色。

饱和度模式采用底色的亮度、色相以及绘图色的饱和度来创建最终色。如果绘图色的饱和度为 0,则原图没有变化。

20. 颜色和亮度模式

颜色模式采用底色的亮度以及绘图色的色相、饱和度来创建最终色。它可保护原图的灰阶层次,对于图像的色彩微调、给单色和彩色图像着色都非常有用。

亮度模式采用底色的色相和饱和度以及绘图色的亮度来创建最终色。此模式创建与颜色模式相反的效果。

2.2.7 图像的裁剪

在实际的工作中,经常会用到图像的裁剪,可以使用工具箱中的裁剪工具 **🔲**,或执行"图像"|"裁剪"命令来实现,也可以执行"图像"|"裁切"命令来修剪图像。

1. 裁剪工具的使用

单击工具箱中的裁剪工具,就会弹出裁剪工具的选项栏,如图 2-89 所示,在选项栏中可分别输入裁剪"宽度"和"高度"值,并输入所需的"分辨率"。不管画出的裁剪框有多大,当确认后,最终的图像大小都与选项栏中所定的尺寸及分辨率完全一样。也可以让这些数据框保持空白,使用裁剪工具进行裁剪后,尺寸将和拖曳的裁剪框相同,并保持图像原来的分辨率。

图 2-89 裁剪工具的选项栏

如果想知道当前图像的大小及分辨率,可用鼠标单击"前面的图像"按钮,数据框中就会显示当前图像的大小及分辨率。单击"清除"按钮,就可以将数据框中的数字清除掉。

当想使 A 图像裁剪后和 B 图像具有相同的大小和分辨率时,可先选中 B 图像,单击"前面的图像"按钮,B 图像的宽度、高度和分辨率就显示在裁剪工具选项栏中,接着使用裁剪工具在 A 图像上拖曳形成裁剪框,确认后的 A 图像与 B 图像的大小和分辨率将完全相同。

在工具箱中选择裁剪工具,在图像上拖曳,可形成有 4 个把手的裁剪框,如图 2-90 所示。当光标放置在裁剪框的角把手上时,按住鼠标键拖曳可改变裁剪框的大小;当光标移动到每个把手之外时,此时可对裁剪框进行旋转。

裁剪框的中心有一个图标表示裁剪框的中心点,其默认的状态是位于裁剪框的中心。可用鼠标将其拖到任意位置。

图 2-90 裁剪框

当使用裁剪工具画完裁剪框以后,其选项栏如图 2-91 所示。

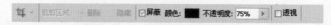

图 2-91　裁剪框的工具选项栏

在"裁剪区域"后面有两个选项,如果选择"删除"选项,执行裁剪命令后,裁剪框以外的部分被删除;如果选择"隐藏"选项,裁剪框以外的部分被隐藏起来,使用工具箱中的抓手工具可以对图像进行移动,隐藏的部分可以被移动出来。

如果"裁剪区域"后面的两个选项不可选,说明当前的图像只有一个"背景"图层,可在"图层"面板中将"背景"图层转为普通图层。

当用鼠标拖曳形成裁剪框以后,裁剪框以外的图像内容被部分透明的黑色遮盖起来,可以单击"颜色"后面的色块,在弹出的抬色器中更改遮盖的颜色;在"不透明度"数据框中输入百分比数字定义不透明度。

选中"透视"选项后,裁剪框的每个角把手都可以任意移动,可以使正常的图像具有透视效果,也可以使具有透视效果的图像变成平面的效果。

当要确认裁剪范围时,需要在裁剪框中双击鼠标或按 Enter 键,若要取消裁剪框,按 Esc 键即可。也可以单击裁剪工具选项栏中的✔按钮确认,或单击Ø按钮取消当前操作。

确保图像设置为 8 位/通道。"透视"选项无法处理 16 位/通道的图像。

2. 裁剪和裁切命令的使用

裁剪命令的使用非常简单,将要保留的图像部分用选框工具选中,然后执行"图像"|"裁剪"命令就可以了。裁剪的结果只能是矩形,如果选中的图像部分是圆形或其他不规则形状,执行"裁剪"命令后,会根据圆形或其他不规则形状的大小自动创建矩形。执行"裁剪"命令后,原来的浮动选择线依然保留。

使用"裁切"命令就无须像"裁剪"命令那样先创建选区。执行"图像"|"裁切"命令,将弹出"裁切"对话框,如图 2-92 所示。在"基于"一栏中,可选择不同的选项裁剪图像。

(1) 透明像素:当图层中有透明区域时,此选项才有效,可裁剪掉图像边缘的透明区域,留下包含像素的最小图像。执行"裁切"命令前的效果如图 2-93 所示。

(2) "左上角像素颜色"和"右下角像素颜色"两个选项对于去除图像的杂边很有效。

(3) 在"裁切掉"复选栏中有 4 个选项:"顶"、"底"、"左"和"右",如果 4 个选项都被选中,图像四周的像素将都被剪掉,如图 2-94 所示。根据需要也可选择剪掉一边、两边或三边的图像区域。

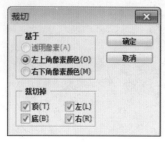

<table>
<tr><td>图 2-92　"裁切"对话框</td><td>图 2-93　效果 1</td><td>图 2-94　效果 2</td></tr>
</table>

2.2.8 图像的变换

利用"变换"和"自由变换"命令可以对整个图层、图层中选中的部分区域、多个图层、图层蒙版,甚至路径、矢量图形、选择范围和 Alpha 通道进行缩放、旋转、斜切和透视等操作。

在执行变换的过程中,会涉及像素的增加或减少,像素值的运算原则可通过执行"编辑"|"首选项"|"常规"命令,在弹出的"常规"对话框中选择"插值运算"方式的。默认的情况是选择"二次立方"选项,虽然运算的速度慢一些,但可产生较好的效果。

不能对一个 16 位通道的图像执行"变换"命令。但是可以通过执行"图像"|"旋转画布"命令达到旋转图像的目的。

1. 变换对象

针对不同的操作对象执行"变换"命令,需要进行相应的选择。

如果是针对整个图层,在"图层"面板中选中此图层,无须再做其他选择。对于背景层,不可以执行"变换"命令,转换为普通图层就可以了。

如果是针对图层中的部分区域,在"图层"面板中选中此图层,然后用选框工具选中要变换的区域。

如果是针对多个图层,在"图层"面板中将多个图层链接起来。

如果是针对图层蒙版或矢量蒙版,在"图层"面板中将蒙版和图层之间的链接取消。关于图层的运用,参考第 4 章。

如果是针对路径或矢量图形,使用路径选择工具将整个路径选中或用直接选择工具选择路径片段。如果只选择了路径上的一个或几个把手,则只有和选中把手相连的路径片段被变换。

如果是对选择范围进行变换,需执行"变换选区"命令。

如果是对 Alpha 通道执行变换,在"通道"面板中选中相应的 Alpha 通道就可以了。

2. 设定变换的参考点

所有的变换操作都是以一个固定点为参考的。根据默认情况,这个参考点是选择物体的中心点。

图 2-95 所示的是一个有透明区域的图层,在"图层"面板中选中此图层,然后执行"编辑"|"变换"|"缩放"命令,可看到图像的四周有一个矩形框,和裁剪框相似,有 8 个把手来控制矩形框。矩形框的中心有一个标识用来表示缩放或旋转的中心参考点。

图 2-95 矩形框

在选项栏中,单击图标 ▦ 上不同的点,来改变参考点的位置,如图 2-96 所示。图标 ▦ 上各个点和矩形框上的各个点一一对应。也可以用鼠标直接拖曳中心参考点到任意位置。

| [] ▾ | ▦ | X: 203.5 px | △ | Y: 271.0 px | W: 77.0% | 🔗 | H: 74.4% | △ 0.0 度 | H: 0.0 度 | V: 0.0 度 |

图 2-96 变换工具选项栏

3. 变换操作

在实际操作过程中,可以在执行"缩放"命令后,直接执行"扭曲"命令或其他任何一个变换命令,不用确认后再选择其他变换命令。

如果对一个图形或整个路径执行变换操作,"变换"命令就变成"变换路径"命令;如果变换多个路径片段,"变换"命令就变成"变换点"命令。

如果执行"缩放"命令,将鼠标放在角把手上拖曳时,应按住 Shift 键以保证缩放的比例。如果执行"旋转"命令,将鼠标移动到矩形框上的角把手和边框把手外拖曳时,应按住 Shift 键保证旋转以 15°递增。在"变换"子菜单中也提供了一些固定角度的旋转。

也可以在如图 2-96 所示的选项框中输入相应的数值来控制图像的各种变换。

按 Enter 键完成变换操作,若要取消操作按 Esc 键即可,也可以单击选项栏中的 ✔ 按钮确认,或单击 ⊘ 按钮取消当前操作。

执行"编辑"|"变换"|"再次"命令可重复执行上一次的操作。

通过执行"编辑"|"自由变换"命令可一次完成"变换"子菜单中的所有操作,而不用多次执行不同的命令,但需要一些快捷键配合进行操作。

(1) 拖曳矩形框上任何一个把手进行缩放,按住 Shift 键可按比例缩放。按数字进行缩放,可在如图 2-96 所示的选项栏中的 W 和 H 后面的数据框中输入数字,W 和 H 之间的链接符号表示锁定比例。

(2) 将鼠标移动到矩形框上的角把手和边框把手处拖曳时按住 Shift 键以保证旋转以 15°递增。在 ⊿ 后面输入数字可确保旋转的准确角度。

(3) 按住 Alt 键时,拖曳把手可对图像进行扭曲操作。按住 Ctrl 键时,拖曳把手可对图像进行自由扭曲操作。

(4) 按住 Ctrl+Shift 键时,拖曳边框把手可对图像进行"斜切"操作。可在选项栏中最右边的两组数据框中设定水平和垂直斜切的角度。

(5) 按住 Ctrl+Alt+Shift 键时,拖曳角把手可对图像进行"透视"操作。

4. 变形

对于图层中的图像或路径可以通过"变形"命令进行不同形状的变形,如波浪形、弧形等。可以对整个图层进行变形,也可以是只对选区内的内容进行变形。在对图层进行变形时,执行"编辑"|"变换"|"变形"命令,在使用路径工具选择对形状图层或路径变形时,执行"编辑"|"变换路径"|"变形"命令。

在变形的工具选项栏中,选择"变形"选项,可弹出下拉菜单,如图 2-97 所示。在下拉选项中可以选择规则变形的种类,如选择"鱼眼"选项,变形可控制的就变成了一个控制点,用鼠标拖控制点,来达到"鱼眼"变形的控制,也可以在变形工具选项栏中使用数值进行设定。

Photoshop 提供了 15 种变形样式;"更改变形方向"选项用来设定弯曲的中心轴是水平或垂直方向;"弯曲"用来设定弯曲程度,数值越大弯曲程度也越大;"设置水平扭曲"用来设定在水平方向产生扭曲变形的程度;"设置垂直扭曲"用来设定在垂直方向产生扭曲变形的程度。

使用变形命令对选区内的图像、形状图层、路径变形的方法都是一样的,使用变形命令,可以产生多种富于创意的变形。

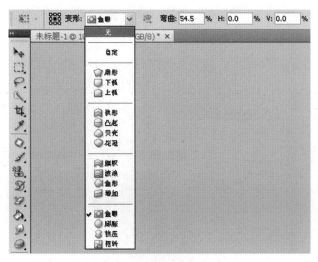

图 2-97　变形工具选项栏

5. 内容识别比例

通过"内容识别比例"命令,可以在缩放图像时保留可视内容。与"自由变换"命令所不同的是自由变换是对图像的整体缩放,而"内容识别比例"可以保护图像中某一部分的内容不做改变,而缩放其周围图像,以适应与被保护内容的过渡。

2.3　上机练习

2.3.1　调整面板组合

虽然 Photoshop CS4 的工作界面为用户提供了比之前版本更大的工作空间,但是用户仍然可以自定义面板集,这样既扩大了工作空间,也方便以后工作。图 2-98 显示了"图层"、"通道"、"样式"、"历史记录"与"信息"面板组。

2.3.2　为图像添加 20 像素的红色边框

通过"画布大小"对话框可以为图像添加边框。在"画布扩展颜色"列表中除了白色、黑色与灰色等现有颜色外,还可以选择"其他"选项,然后在"拾色器"对话框中任意选择颜色,如图 2-99 所示为红色边框。

图 2-98　面板组合

2.3.3　制作哈哈镜效果

哈哈镜效果其实就是对映射到镜中的对象进行各式各样的变形。为了使其变形效果更加明显,这里使图像中的局部变形。方法是在建立选区的基础上,执行"编辑"|"变换"|"变形"命令,然后任意拖动其中的结点制作完成,效果如图 2-100 所示。

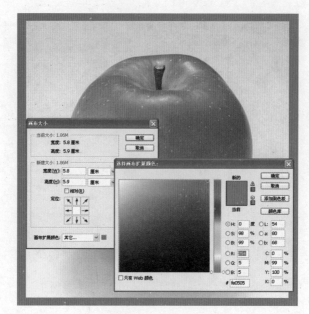

图 2-99　添加边框

图 2-100　哈哈镜效果

2.3.4　选取同一位置的不同颜色

因为"吸管工具"选项栏中具有不同的取样点范围,所以可以在同一位置上选取到不同的颜色。方法是在图像中单击与之前选择的不同的取样范围选项即可,如图 2-101 和图 2-102 所示"3×3 平均"与"101×101 平均"得到的颜色显示。

图 2-101　取样大小:3×3 平均

图 2-102　取样大小:101×101 平均

2.3.5　制作烛光

画笔是一个神奇的工具,只要在"画笔"面板选择不同的形状,再设置不同的参数,就可以制作出不同的效果,比如绒花、星光、烛光等。图 2-103 所示的图像就是通过画笔制作出的烛光效果。

图 2-103　烛光效果

2.3.6　皮肤修饰

由于"模糊工具"能够降低图像相邻像素之间的反差,使图像的边界区域变得柔和,所以可以使用该工具修饰脸部皮肤,使脸部变得光滑而没有任何斑点,如图 2-104 和图 2-105 所示。在编辑过程中,要随时调整笔尖的大小与硬度值,这样才会更加自然。

图 2-104　源图

图 2-105　修复后效果

第3章 创建选区

运行 Photoshop 后,初次使用的工具应该就是选择工具了,选择工具用于指定应用 Photoshop 的各种功能和图形效果的范围。无论多么出色的效果,如果指定使用范围不正确,也是毫无意义的。

3.1 案例导学

案例 3.1 花中人

案例分析:

选区的羽化具有逐渐模糊边缘,与背景更好融合的效果。本例将介绍如何使用椭圆选框工具、羽化命令、自由变换命令、移动工具、创建新图层以及图层复制命令等来设计花中人效果。

案例效果:

案例效果如图 3-1 所示。

操作步骤:

(1) 按 Ctrl+O 键打开两个素材文件。

(2) 将人物文件作为当前编辑图像,使用椭圆选框工具选取人物的头部,并执行"选择"|"修改"|"羽化"命令,在"羽化"对话框中设置羽化半径为 20 像素,效果如图 3-2 所示。

图 3-1 花中人效果

图 3-2 选取人物头部

(3) 使用工具箱中的移动工具将选区内像素拖到花朵图像文件中,并将它移动到合适的位置,此时"图层"面板中自动形成一个新的"图层 1"图层,接着执行"编辑"|"变换"|"缩放"命令,将"图层 1"中的像素变换成合适的大小并移动到合适的位置,如

图 3-3 所示。

（4）单击"图层 1"拖到"图层"面板下的"创建新图层"按钮上,形成"图层 1 副本"新图层,单击"图层 1 副本图层",使之成为当前编辑图层,执行"编辑"|"变换"|"缩放"命令,将"图层 1 副本"图层中的像素变换成合适的大小并移动到合适的位置,如图 3-4 所示。

图 3-3　将人物头部图像放在花蕊处　　　　　图 3-4　将人物头部图像缩小放在右上角

（5）将"图层 1 副本"拖到"图层"面板下的"创建新图层"按钮上,形成"图层 1 副本 2"新图层,单击"图层 1 副本 2"图层,使之成为当前编辑图层,用移动工具将其移动到合适的位置,如图 3-5 所示。

（6）重复步骤（5）的操作,复制"图层 1 副本 3"和"图层 1 副本 4","图层"面板如图 3-6 所示,用移动工具分别将两个图层中的图像移动到合适的位置,得到如图 3-1 所示的效果。

图 3-5　将人物头部图像缩小放在右下角　　　　　图 3-6　"图层"面板

（7）将最后完成的效果图以"花中人.psd"作为文件名保存在指定的文件夹中。

案例 3.2　汽车驰骋

案例分析：

磁性套索工具可自动的选择具有相反颜色边缘的选区，反选命令可以非常轻松地实现图像选区和背景选区的转换。本例将介绍如何使用磁性套索工具、移动工具、反选命令以及滤镜中的模糊命令等来制作汽车驰骋效果。

实例效果：

实例效果如图 3-7 所示。

图 3-7　汽车驰骋效果

操作步骤：

(1) 按 Ctrl＋O 键打开汽车图像素材文件。

(2) 选择磁性套索工具，并将其选项栏中的宽度设置为 5px，对比度设置为 5％，其他保持默认设置，如图 3-8 所示，在汽车边缘处选择一个起点单击并沿着汽车的轮廓拖动鼠标，可以看到在车身上自动生成锚点，如图 3-9 所示。

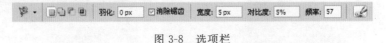

图 3-8　选项栏

图 3-9　描点位置

（3）继续沿着车的轮廓拖动鼠标，一直到起始点处，当光标右下角出现小圆圈时单击鼠标，形成闭合的选区，如图 3-10 所示。

图 3-10　形成闭合选项

（4）选择移动工具，并将光标移动到选区内，按住 Alt 键向汽车前方拖曳鼠标，可复制并改变选区内图像的位置，如图 3-11 所示。

图 3-11　复制图层

（5）执行"选择"|"反选"命令或按 Shift＋Ctrl＋I 键，将图像中汽车以外的区域指定为选区，如图 3-12 所示。

图 3-12　进行反选

（6）执行"滤镜"|"模糊"|"动感模糊"命令，在弹出的"动感模糊"对话框中将角度设置为 0 度，将距离设置为 70 像素，如图 3-13 所示，单击"确定"按钮，得到如图 3-14 所示的效果。

图 3-13 "动感模糊"对话框

图 3-14 反选区域的动感模糊效果

（7）执行"选择"|"取消选择"命令或按 Ctrl＋D 键取消选区，得到如图 3-7 所示的汽车驰骋效果。

（8）将最后完成的效果图以"汽车驰骋.psd"作为文件名保存在指定的文件夹中。

案例 3.3 清水荷叶

案例分析：

本实例利用套索工具、快速蒙版编辑工具、移动工具、"选取相似"命令和"自由变换"命令将荷叶中的黑水替换为清水的效果。

实例效果：

实例效果如图 3-15 所示。

操作步骤：

（1）按 Ctrl＋O 键打开素材 Kxy3a-10.tif 和 Kxy3b-10.tif 两个图像文件。

（2）用移动工具直接将图像文件 Kxy3b-10.tif 拖到图像文件 Kxy3a-10.tif 中，此时"图层"面板中自动增加了一个"图层 1"新图层，效果如图 3-16 所示。

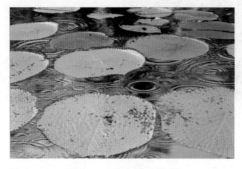

图 3-15 清水荷叶效果

图 3-16 导入图片

（3）在"图层"面板中单击图像文件 Kxy3a-10. tif 中"图层 1"图层，使之成为当前编辑图层，在工具箱中选择魔棒工具，并在其属性栏中将容差值设为 40 像素，在图像中的黑色像素部分单击鼠标，此时形成了一个选区，如图 3-17 所示。

（4）为了全部选择"图层 1"图层中黑色像素部分，执行"选择"|"选取相似"命令，可以看到"图层 1"图层中所有黑色像素部分全部被选中，效果如图 3-18 所示。

图 3-17　形成选区

图 3-18　选中黑色像素

（5）按 D 键，将前景色/背景色设置为默认的黑色/白色，单击工具箱中的以快速蒙版模式编辑工具，用画笔工具将荷叶画成红色，接着按 X 键将前景色和背景色置换，用画笔工具将除荷叶之外的红色涂抹干净，取消快速蒙版，回到标准模式编辑状态，并按下 Delete 键，得到如图 3-19 所示的效果。

（6）按 Ctrl＋D 键取消选择，然后执行"编辑"|"自由变换"命令，将"图层 1"图层变换为和背景图层一样大小，"图层"面板如图 3-20 所示，按 Enter 键确认变换操作，得到最终效果。

图 3-19　删除黑色

图 3-20　"图层"面板

（7）将最后完成的效果图以"清水荷叶.psd"为文件名保存在指定的文件夹中。

案例 3.4　彩环

案例分析：

本实例将利用椭圆选框工具、选区的修改、存储和载入命令以及渐变工具制作彩环。

实例效果：

实例效果如图 3-21 所示。

操作步骤：

（1）按 Ctrl+N 键，在"新建"对话框中设定文件名称为彩环，宽度为 10 厘米，高度为 8 厘米，分辨率为 100 像素/英寸，RGB 颜色模式，背景内容为白色，具体设置如图 3-22 所示，单击"确定"按钮建立新的文件。

图 3-21　彩环效果

图 3-22　"新建"对话框

（2）单击新建的彩环文件作为当前编辑窗口，在"图层"面板中，单击"创建新图层"按钮，新建"图层 1"图层。选择椭圆选框工具，按住 Shift 键在"图层 1"图层上画一个正圆，执行"选择"|"存储选区"命令，在如图 3-23 所示的"存储选区"对话框中单击确定按钮将选区存储起来，结果如图 3-24 所示。

图 3-23　"存储选区"对话框

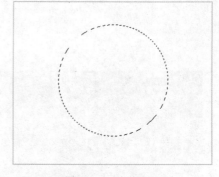

图 3-24　图形选区

（3）单击工具箱中的渐变工具，在"点按可编辑渐变"下拉列表中选择"色谱"效果，选择"角度渐变"模式，将仿色和透明区域的复选框选中，从圆中心向边缘拉动，效果如图 3-25 所示。

（4）执行"选择"|"修改"|"扩展"命令，在"扩展选区"对话框中，将扩展量设为 8 像素。接着执行"选择"|"载入选区"命令，在"载入选区"对话框中的通道下拉列表中选择默认存储的通道 Alpha 1，同时选择从选区中减去，如图 3-26 所示。单击"确定"按钮得到如图 3-27 所示效果。

（5）选择渐变工具，在"点按可编辑渐变"下拉列表中选择"铬黄渐变"，选择"对称渐变"模式，从底部向上拉动，效果如图 3-28 所示。按 Ctrl+D 键取消选区。

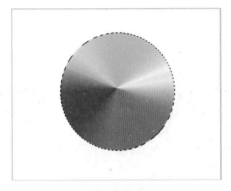

图 3-25　填充渐变色

图 3-26　"载入选区"对话框

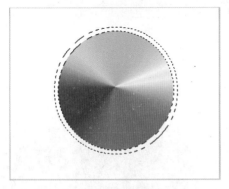

图 3-27　环形选区

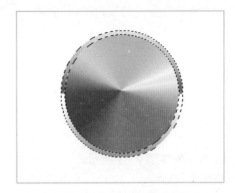

图 3-28　在环形选区填充渐变色

（6）选择椭圆选框工具，按住 Shift 键在图像窗口中画一个小正圆并将选区移动到大圆中心位置，按 Delete 键删除小圆内像素。执行"选择"|"存储选区"命令，结果如图 3-29 所示。

（7）重复步骤（4）的操作，注意这次通道下拉列表中选择默认存储的通道 Alpha 2，其他操作完全一样，载入选区对话框和结果分别如图 3-30 和图 3-31 所示。

图 3-29　删除小圆中的像素

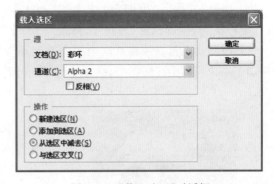

图 3-30　"载入选区"对话框

（8）重复步骤（5）的操作，注意这次从上部向底部拉动，效果如图 3-32 所示。按 Ctrl＋D 键取消选区，得到最终效果。

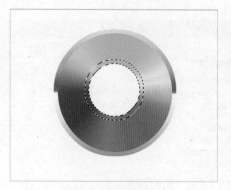
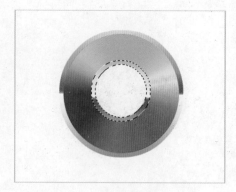

图 3-31　小环形选区　　　　　　　　　　图 3-32　在小环形选区填充渐变色

（9）将最后完成的效果图以"彩环.psd"为文件名保存在指定的文件夹中。

案例 3.5　生活照片

案例分析：

本实例利用魔棒工具、裁剪工具、移动工具和"反向"、"羽化"、"自由变换"以及"模糊命令"制作突出主体的生活照片。

实例效果：

实例效果如图 3-33 所示。

操作步骤：

（1）按 Ctrl＋O 键，打开小女孩和沙皮狗两个图像素材文件。

（2）单击沙皮狗文件，使之成为当前编辑图像，在工具箱中选择魔棒工具，在图像中的绿色背景部分单击鼠标，此时形成了一个选区。按住 Shift 键在没有被选中的背景上单击，直到背景全部选中，如图 3-34 所示。

图 3-33　生活照片效果

（3）执行"选择"|"反向"命令或按 Shift＋Ctrl＋I键，选定沙皮狗，接着执行"选择"|"修改"|"羽化"命令，设置羽化半径为 1 像素。

（4）用移动工具直接将选区内图像拖到小女孩.jpg 图像文件中，此时"图层"面板中自动增加了一个"图层 1"新图层，效果如图 3-35 所示。

图 3-34　选中背景

图 3-35　增加图层

（5）按 Ctrl＋T 键对"图层 1"图层中的沙皮狗进行自由变换,并用移动工具将其移动到合适的位置。

（6）在"图层"面板中单击"背景"图层,使其成为当前编辑图层,选择裁剪工具,在图像中拖出一个选区,并调整其大小和位置。按 Enter 键确认操作,得到如图 3-36 所示效果。

（7）执行"滤镜"|"模糊"|"高斯模糊"命令,打开"高斯模糊"对话框,设置半径为 3 像素,如图 3-37 所示。单击"确定"按钮,得到如图 3-33 所示生活照片效果图。

图 3-36　图像位置大小调整

图 3-37　"高斯模糊"对话框

（8）将最后完成的效果图以"生活照片.psd"为文件名保存在指定的文件夹中。

案例 3.6　合成图像

案例分析:

本实例综合运用魔棒工具、移动工具以及"选取相似"、"扩大选取"、"反向"、"收缩"、"拷贝"、"粘贴"、"图层样式"、"删除"等命令制作合成图像效果。

实例效果:

实例效果如图 3-38 所示。

操作步骤:

（1）按 Ctrl＋O 键打开素材文件。

（2）选择小球图像,使其成为当前编辑图像。用魔棒工具在图像中任意一个蓝色小球上单击,建立一个选区,然后执行"选择"|"选取相似"命令,得到如图 3-39 所示选区。

图 3-38　合成图像效果

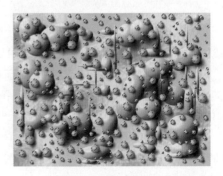

图 3-39　选取蓝色区域

（3）多次执行"选择"|"扩大选取"命令，直到所有蓝色小球被选择完整，如图 3-40 所示。

（4）执行"编辑"|"拷贝"命令或按 Ctrl＋C 键，执行"编辑"|"粘贴"命令或按 Ctrl＋V 键，将选区内像素复制到本图像中，这时"图层"面板中会自动增加一个"图层 1"图层，如图 3-41 所示。

图 3-40　选取蓝色小球

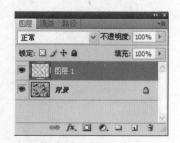

图 3-41　增加图层

（5）在"图层"面板中单击"背景"图层，使其成为当前编辑图层，按 D 键将前景色和背景色设置为默认的"黑/白"状态，按 Alt＋Delete 键将"背景"图层填充为黑色，如图 3-42 所示。

（6）选择图像，使其成为当前编辑图像。用魔棒工具在图像中黑色背景处单击，建立一个选区，然后执行"选择"|"反向"命令，得到如图 3-43 所示选区。

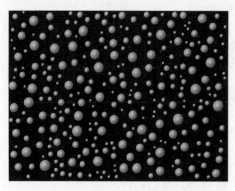

图 3-42　将背景填充为黑色

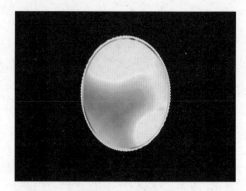

图 3-43　反选图像

（7）用移动工具将选区内像素移动到小球图像中，这时"图层"面板中会新增加一个"图层 2"图层，调整图层顺序，使"图层 2"图层位于"图层 1"图层上面，结果如图 3-44 所示。

（8）选择枫叶图像，打开"图层"面板，选择紫色枫叶所在的"图层 2"图层，使其成为当前编辑图层。按住 Ctrl 键单击"图层 2"图层中的枫叶图像，得到枫叶的选区，如图 3-45 所示。

（9）用移动工具将选区内像素移动到小球图像中，这时"图层"面板中会新增加一个"图层 3"图层，调整图层顺序，使"图层 3"图层位于"图层 2"图层上面，"图层"面板和结果分别如图 3-46 和图 3-47 所示。

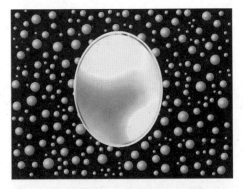

图 3-44 增加图层

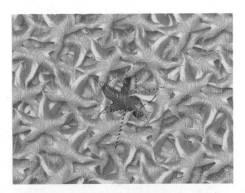

图 3-45 枫叶选区

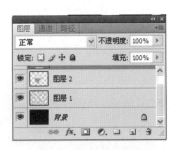

图 3-46 "图层"面板

图 3-47 增加"图层 3"图层

（10）在"图层"面板中选择"图层 3"图层，使其成为当前编辑图层。按住 Ctrl 键单击"图层 3"图层中的枫叶图像，得到枫叶的选区，接着执行"选择"|"修改"|"收缩"命令，将收缩量设置为 8 像素，单击"确定"按钮，结果如图 3-48 所示。

（11）按 Delete 键将选区内像素删除，接着执行"选择"|"取消选择"命令或按 Ctrl＋D 键，得到如图 3-49 所示效果。

图 3-48 收缩选区

图 3-49 效果

（12）在"图层"面板中选择"图层 2"图层，使其成为当前编辑图层。右击图像，从弹出的快捷菜单中执行"混合选项"命令，在打开的"图层样式"对话框中选中"外发光"复选框，将扩展设置为 8 像素,大小设置为 32 像素,如图 3-50 所示。

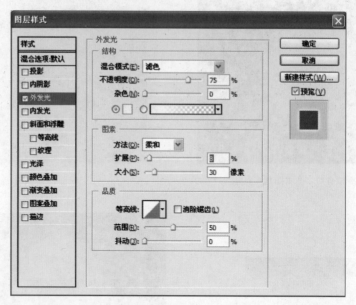

图 3-50 "图层样式"对话框

(13) 单击"确定"按钮后得到最终效果,将最后完成的效果图以"合成图像.psd"为文件名保存在指定的文件夹中。

3.2 相 关 知 识

要想应用 Photoshop 的功能,首先应该选择应用的范围。下面来介绍 Photoshop CS4 中提供的选择工具及使用方法。

3.2.1 创建选区的工具

1. 矩形选框工具组

矩形选框工具组用于创建矩形或圆形选区,该工具组包括矩形选框工具、椭圆选框工具、单行选框工具和单列选框工具,如图 3-51(a)所示。

(1) 矩形选框工具。主要用于选取矩形图像,选择该工具后,拖动鼠标即可创建矩形选区。在工具箱中选择矩形选框工具 ![矩形选框工具图标],选项栏中就会显示它的相关选项,如图 3-51(b)所示。

(a)   (b)

图 3-51 矩形工具组及选项栏

各个选项作用如下。

新选区：单击它可以创建新的选区，如果已经存在选区，则会去掉旧选区而创建新选区；在选区外单击，则会取消选择。

　　添加到选区：单击它可以创建新的选区，也可以在原来选区的基础上添加新的选区，相交部分选区的滑块框将去除，同时形成一个新选区。

　　从选区减去：单击它可以创建新的选区，也可在原来选区的基础上减去不需要的选区。

　　与选区交叉：单击它可以创建新的选区，也可以创建出与原来选区相交的选区。

　　羽化：羽化可以软化硬边缘，也可使选区填充的颜色向其周围逐步扩散。在羽化文本框中输入 0～250 的数值，可设置羽化半径，数值越大，羽化效果越明显。

　　样式：在"样式"下拉列表中可选择所需的样式。

　　正常：为 Photoshop 默认的选择方式，也是最常用的方式。该方式可以用鼠标拖出任意形状的矩形选区。

　　固定长宽比：选择这种方式后，样式后的宽度和高度选项由不可用状态变为可用状态，在其文本框中输入所需的数值来设置矩形选区的长宽比，它和正常方式一样，都是需要拖动鼠标来选取矩形选区，不同的是拖出的矩形选区约束了长宽比。

　　固定大小：选择这种方式，可以通过在 中输入数值从而得到固定大小的矩形选区，此时的选区不需要拖动鼠标，而只要单击鼠标就可得到。

　　使用矩形选框工具时，按住 Shift 键拖动鼠标可创建正方形选区（创建好之后要先松开鼠标左键再松开 Shift 键）。按住 Alt 键后再拖动，将以按下鼠标的那一点为中心点创建选区。按住 Shift＋Alt 键拖动鼠标将以按下鼠标的那一点为中心点创建正方形选区。在创建选区的过程中，按住空格键可以拖动选区使其位置改变，松开空格键可继续创建选区。

　　（2）椭圆选框工具。主要用于选取椭圆图像，选择该工具后，拖动鼠标即可创建椭圆选区。在矩形工具组中选择椭圆选框工具，选项栏中就会显示它的相关选项，如图 3-52 所示。

图 3-52　椭图选框工具的选项栏

　　该工具选项栏与矩形选框工具的选项栏大部分相同，只是消除锯齿选项 变为活动可用状态。该选项用来在锯齿之间填入中间色调，从而从视觉上消除锯齿现象。图 3-53（a）所示是原图，图 3-53（b）和图 3-53（c）所示是放大后没有选择和已经选择该选项的效果。

(a) 原图　　　　　　(b) 未消除锯齿(放大)　　　(c) 消除锯齿(放大)

图 3-53　消除锯齿效果比较

使用椭圆选框工具也可以创建正圆选区,操作要领和矩形选框工具一样。

(3) 单行/单列选框工具。单行、单列选框工具主要用于选择单行/单列像素。选择该工具,在图像窗口中点击,即可得到一个像素的选区。在矩形工具组中选择单行或单列选框工具,选项栏中就会显示它的相关选项,如图 3-54 所示。

图 3-54　单行/单列选框工具的选项栏

该工具选项栏与矩形选框工具的选项栏相同,只是"样式"不可用,而"羽化"只能为 0px(像素)。

2. 套索工具组

套索工具组用于创建曲线、多边形或不规则图形的选区,该工具组包括套索工具、多边形套索工具和磁性套索工具,如图 3-55(a)所示。

(1) 套索工具。套索工具也可以称为曲线套索,主要用于创建不精确的不规则的选区。选择该工具后,可通过拖动鼠标在图像中构成任意形状的封闭曲线来创建选区。在套索工具组中选择套索工具 ,选项栏中就会显示它的相关选项,如图 3-55(b)所示。

(a) 套索工具组　　　　　　　　(b) 选项组

图 3-55　套索工具组及选项栏

该工具选项栏中的选项与矩形选框工具选项栏中的选项相同,作用与用法也一样,这里就不重复了。

使用套索工具创建选区时,从起点处按住鼠标左键向所需的方向拖动,直至返回到起点处松开左键,即可得到一个封闭的选区。当从起点处向终点处拖动鼠标,并且起点与终点不重合时,松开鼠标左键后,系统会自动在他们之间创建一条直线,从而得到一个封闭的选区。按住 Alt 键然后释放鼠标左键,此时可切换为多边形套索工具,移动鼠标至其他区域单击可绘制直线,松开 Alt 键可恢复为套索工具。

(2) 多边形套索工具。多边形套索工具主要用于创建多边形选区,比如五边形等区域。选择该工具后,可通过鼠标的连续单击来创建封闭的多边形选区。在套索工具组中选择多边形套索工具 ,选项栏中就会显示它的相关选项,如图 3-56 所示。

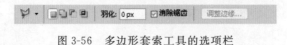

图 3-56　多边形套索工具的选项栏

该工具选项栏与套索工具选项栏完全相似,这里就不重复了。

使用多边形套索工具时,通过在画布中的不同位置单击形成多边形,当起点与终点重合时,指针按钮旁边会出现小圆圈形状,此时单击可以生成多边形选区。当起点与终点不重合时,一旦双击释放鼠标左键,则选取的起点与终点就会以直线相连,从而得到不规则的多边形封闭选区。在选取过程中按 Shift 键可以保持水平、垂直或 45°的轨迹方向绘制选区。如果想在同一选区中创建曲线与直线,那么在使用套索工具与多边形套索工具时,按 Alt 键可以在两者之间切换。

（3）磁性套索工具。磁性套索工具可以智能地自动选取,特别适用于快速选择与背景对比强烈而且边缘复杂的对象。选择该工具后,可通过拖动鼠标选中图形颜色与背景颜色反差较大的区域,一旦释放鼠标时,选取的起点与终点就会相连,从而形成所需选区。在套索工具组中选择磁性套索工具 ,选项栏中就会显示它的相关选项,如图 3-57 所示。

图 3-57　磁性套索工具面板

该工具前面几个选项前面已经说明了,剩下部分选项作用如下。

宽度：用于设置该工具在选取时,指定检测的边缘宽度,其取值范围是 1～256 像素,数值越小检测越精确。

对比度：用于设置该工具对颜色反差的敏感程度,其取值范围是 1%～100%,数值越高敏感度越低。

频率：用于设置该工具在选取时的结点数,其取值范围是 0～100,数值越高选取的结点越多,得到的选区范围也越精确。

钢笔压力：用于设置绘图板的钢笔压力,若选择了该选项,则增大光笔压力时将导致边缘宽度减小。该选项只有安装了绘图板及其驱动程序时才有效。

使用磁性套索工具时,在图像上单击以确定第一个紧固点。如果想取消使用磁性套索工具,可按 Esc 键返回。将鼠标指针沿着要选择的图像边缘慢慢移动,结点会自动吸附到色彩差异的边缘。需要选择的图像如果与边缘的其他色彩接近,自动吸附会出现偏差,这时可单击鼠标以手动添加一个结点。如果要抹除刚绘制的线段和紧固点,则可按 Delete 键,连续按 Delete 键可以倒序依次删除紧固点。当起点与终点重合时,指针按钮旁边会出现小圆圈形状,此时单击可以生成不规则的封闭选区。当起点与终点不重合时,一旦双击释放鼠标左键,则选取的起点与终点就会相连,从而得到不规则的封闭选区。

3. 移动工具

移动工具 可以将选区或图层移动到同一个图像的新位置或其他图像中。还可以使用移动工具在图像内对齐选区和图层并分布图层。在工具箱中选择移动工具,选项栏中就会显示它的相关选项,如图 3-58 所示。

图 3-58　移动工具选项栏

其中各选项作用如下。

自动选择组：如果在图像中创建了图层组,选择此选项并在下拉列表中选择组后,就可直接选中所单击的非透明图像所在的图层组。

自动选择图层：选择此选项并在下拉列表中选择图层后,用鼠标在图像上单击,即可直接选中指针所指的非透明图像所在的图层。

显示变换控件：选择此选项后将在选中对象的周围显示定界框,通过定界框可以对对象进行简单的缩放以及旋转的修改,一般用于矢量图形上。

对齐链接按钮:该组按钮用于对齐图像中的图层。它们分别与"图层"|"对齐"菜单中的命令相对应。

分布链接按钮:该组按钮用于分布图像中的图层,它们分别与"图层"|"分布"菜单中的命令相对应。

4. 魔棒工具组

魔棒工具组用于创建颜色值相近的选区或者画出所需的选区,如图 3-59(a)所示。

(1)快速选择工具

在魔棒工具组中选择快速选择工具，选项栏中就会显示它的相关选项,如图 3-59(b)所示。

(a)魔棒工具组   (b)选项组

图 3-59　魔棒工具组及选项栏

选区修改按钮:这 3 个按钮的功能分别和选框工具组中的新选区、添加到选区和从选区减去完全一样。

单击画笔右边向下的按钮可以打开画笔设置面板,在其中可以设置画笔的直径和硬度。

快速选择工具的使用方法是基于画笔模式的。也就是说,可以"画"出所需的选区。如果是选取离边缘比较远的较大区域,就要使用大一些的画笔;如果是要选取边缘或者离边缘比较近的较小区域则换成小尺寸的画笔,这样才能尽量避免选取背景像素。

(2)魔棒工具。魔棒工具是基于图像中的相邻像素的颜色近似程度来创建选区的,在魔棒工具组中选择魔棒工具，选项栏中就会显示它的相关选项,如图 3-60 所示。

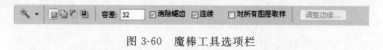

图 3-60　魔棒工具选项栏

容差:数值范围为 0~255,表示相邻像素间的近似程度,数值越大,表示可允许的相邻像素间的近似程度越小,选择范围越大;反之,选择范围就越小。

连续:选中该选项可以将图像中连续的像素选中,否则可将连续和不连续的像素一并选中。

对所有图层取样:选中该选项,魔棒工具将跨越图层对所有可见图层起作用,如果不选中该选项,则只对当前图层起作用。

5. 裁剪工具

裁剪工具用于图像的修剪,选择该工具后,可通过鼠标的拖动来创建裁切框,当按 Enter 键后框外的图像将被裁掉。选择裁剪工具，选项栏中就会显示它的相关选项,如图 3-61 所示。

图 3-61　裁剪工具选项栏

图 3-62 裁切图像

宽度和高度：用于控制裁切框的尺寸，在选项栏中输入数值后，无论拖出的裁切框多大，裁切后的尺寸和选项栏中输入的尺寸相同，中间的箭头用于互换宽度和高度值的互换。如果不输入数值，那么裁切后的尺寸和拖出的裁切框尺寸一样。

分辨率：用于控制裁切框内图像的分辨率，在选项栏中输入数值后，无论原图像分辨率多大，裁切后的分辨率和选项栏中输入的尺寸相同。如果不输入数值，那么裁切后的图像分辨率和原图像分辨率一样。其单位为像素/英寸或像素/厘米。

前面的图像：如果想裁切出和一幅图像完全一样的图像，那么在该图像为当前编辑图像时，单击该按钮，然后在要裁切的图像中进行裁切，最终裁切出的图像大小和分辨率与刚才的图像完全一样。

清除：用于清空选项栏中的数值。

当使用裁切工具在图像上拖动后，可以形成有 8 个把手的裁切框，如图 3-62 所示。利用这些把手可以对裁切框进行缩放、旋转等变换。

使用裁剪工具画完裁切框后，设置栏如图 3-63 所示。

图 3-63 裁切工具选项栏

选中"屏蔽"复选框可以使裁切框以外的图像被遮蔽起来。也可以选择遮蔽的颜色，默认颜色是黑色。"不透明度"用于设定遮蔽的显示透明度，默认值为 75%。选中"透视"复选框后，裁切框的每个手柄都可以任意移动，可以使正常的图像具有透视效果，也可以使透视效果的图像变成平面效果。

3.2.2 选区的编辑

（1）"全选"命令。执行"选择"｜"全选"命令，可以选择当前图层上的图像的全部。

（2）"取消选择"命令。执行"选择"｜"取消选择"命令，可以取消对当前图层上的图像的选择。

（3）"重新选择"命令。执行"选择"｜"重新选择"命令，可以重新选择已取消的选项。

（4）"反向"命令。执行"选择"｜"反向"命令，可以选择图像中除选中区域以外的所有区域。

（5）"修改"命令。包括边界、平滑、扩展、收缩、羽化命令，可以对选区进行修改。

（6）"扩大选取"命令。执行"选择"｜"扩大选取"命令，可以选择所有的和现有选区颜色相同或相近的相邻（连续）像素。

（7）"选取相似"命令。执行"选择"｜"选取相似"命令，可以选择整个图像中与现有选区颜色相邻或相近的所有（连续的和不连续的）像素，而不只是相邻的像素。

（8）"变换选区"命令。执行"选择"|"变换选区"命令,可以对当前的选区进行缩放、旋转、斜切、扭曲、透视、变形以及任意角度的旋转等操作,该命令操作方法和"编辑"|"变换"命令相同,只不过是对选区进行变化。

（9）"存储选区"和"载入选区"命令。执行"选择"|"存储选区"命令,可以将制作好的选区存储到 Alpha 通道中,以方便下一次操作。

执行"选择"|"载入选区"命令,可以将保存好的选区随时载入进来。

（10）"移动选区"命令。

使用选取工具从选项栏中选择新选区,然后将鼠标放在选区内,光标会变为 形状,这表示可以移动选区边框,移动的过程中光标会变为 形状。

3.2.3 创建选区的其他方法

1. "色彩范围"命令

"色彩范围"命令是一个利用图像中的颜色变化关系来制作选择区域的命令。它就像一个功能强大的魔棒工具,除了用颜色差别来确定选取范围外,它还综合了选区的"相加"、"相减"和"相似"命令,以及根据基准色选择等多项功能。

执行"选择"|"色彩范围"命令,弹出"色彩范围"对话框,如图 3-64 所示。

图 3-64 "色彩范围"对话框

当鼠标指针移入图像预览区时,鼠标指针会变成一个吸管工具,用这个吸管工具在预览区内单击,在鼠标指针周围容差值确定的范围会变成白色,其余颜色保持黑色不变。单击"确定"按钮,此时预览区白色的部分就会成为选择的区域,如图 3-65 所示。

（1）选择。单击"选择"下拉列表右边的箭头,可以将其展开,如图 3-66 所示。

图 3-65 选择白色区域

图 3-66 "选择"下拉列表

其中各选项的作用如下。

① 取样颜色：该选项将吸管吸取的颜色作为基准色来确定选择的区域。在吸取颜色的过程中，如果想增加颜色，可以按住 Shift 键的同时继续用吸管吸取颜色；如果想减少选取的颜色，可以在按住 Alt 键的同时用吸管吸取颜色，当然也可以使用对话框右面的带加号或者减号的吸管来增加选取颜色或减少选取颜色。

② 红色到洋红颜色：这些选项为固定的颜色，当选择这些颜色后，这些颜色将被作为基准色来确定选择区域。

③ 高光、暗调、中间色和溢色：这些选项分别将图像的高光、暗调、中间色和溢色内容作为基准色来确定选择区域。

（2）颜色容差。其取值范围为 0～200，此选项类似于魔棒工具的容差，数值越高，选择的范围越大。

（3）预览区。在预览图的下方有两个选项："选择范围"和"图像"，如图 3-67 和图 3-68所示。

图 3-67　选择"选择范围"单选按钮

图 3-68　选择"图像"单选按钮

① 当选择"选择范围"选项时，预览图中以 256 级灰度表示选中和非选中区域，白色表示全部被选中的区域，黑色表示没有被选中的区域，中间各色表示部分被选中的区域，这和通道的概念是相同的。

② 当选择"图像"选项时，预览图中可以看到彩色图像，此时不论选择什么颜色都没有变化，而只有在单击"确定"按钮后在原图像上才能看到选区。

（4）选区预览。通过该选项可以控制图像窗口中图像的显示方式，从而更精确地表现出将制作的选择区域，共有 5 个选项：无、灰度、黑色杂边、白色杂边和快速蒙版。

2. 用快速蒙版创建选区

使用快速蒙版创建选区需要使用以快速蒙版模式编辑工具。该工具位于工具箱的最下面，使用这个工具的前提是图像中已创建选区，如图 3-69 所示，如果想选择除花之外的背景，那么

图 3-69　用快速蒙版创建选区

可以先使用魔棒工具在要选择的蓝色背景上创建一个选区。

单击以快速蒙版模式编辑工具,这时图像变成了如图 3-70 所示效果。也就是创建选区的部分是透明的,而非选区部分被蒙上了一层半透明的红色。通过观察发现还有一部分背景没有选择进来,这时可以结合画笔工具将未被选择进来的背景涂抹成透明色。

选择画笔工具,设置好画笔的大小和硬度(这里选择硬度为 100%),按 D 键将前景色和背景色设置为默认的黑/白色,再按 X 键将前景色和背景色对调,接着使用画笔在图像中涂抹,将没有选择进来的背景涂抹成透明色,在涂抹的过程中如果将花也涂抹成了透明色,那么可以再按 X 键将前景色设置为黑色,然后用画笔将花重新涂抹成半透明的红色。当涂抹好后单击以快速蒙版模式编辑工具,回到标准模式编辑状态,如图 3-71 所示。

图 3-70　以快速蒙版模式编辑　　　　　　　　图 3-71　标准模式编辑

这时背景的选区就创建好了,接着就可以对该选区进行其他操作了。

3. "抽出"命令

"抽出"命令在选取人物或者边缘杂乱的物体时效果非常好。打开一幅素材图,执行"滤镜"|"抽出"命令,可以打开如图 3-72 所示的"抽出"对话框。

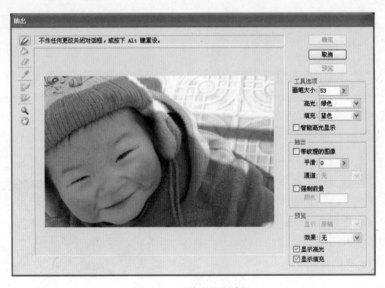

图 3-72　"抽出"对话框

在"抽出"对话框中,左列是抽出的工具,中间的窗口是当前操作对象的预览窗口,右列是和左列工具配合抽出的选项。要将人物从当前背景中选取出来,要经过以下 3 个步骤。

（1）标记物体边缘。使用边缘高光器工具 ✎ 在人物边缘涂抹，涂抹前在对话框右列工具选项下画笔大小处选择合适的画笔大小。涂抹时画笔要覆盖住人物边缘的发丝和一部分背景，最终标记的人物边缘是闭合的，如图 3-73 所示。

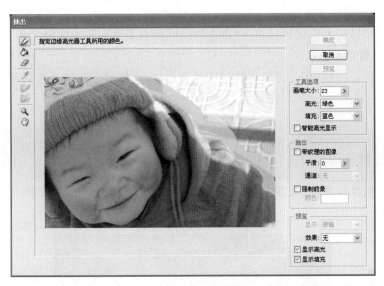

图 3-73　标记物体边缘

注意：由于该素材中人物正好处于画布最上边、最左边和画布最下边，所以这些地方就不用标记了，默认为就是闭合的。

（2）填充所要选取的物体。使用左列的填充工具 🪣 在要选取的物体上单击，这时整个人物都被蒙上了一层半透明的蓝色，如图 3-74 所示。

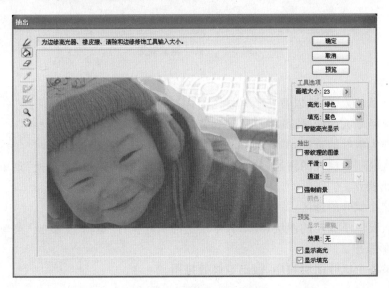

图 3-74　填充所要选取的物体

注意：如果使用填充工具后没有出现填充颜色，说明标记的物体边缘没有闭合，可以再用边缘高光器工具对未闭合的部分进行涂抹，接着再次填充。

（3）预览并调整物体边缘。单击对话框右边的"预览"按钮，可以看到人物被放在了透明的背景上，这时可以使用清除工具  清除多余的边缘。如果人物边缘发丝被抠掉了，可以按住 Alt 键在被抠掉的地方涂抹，重新将其涂抹出来。边缘修饰工具 用于去掉边缘的杂乱图像，使物体边缘更平滑。

上面这 3 步做好之后就可以单击"确定"按钮，得到最终选取出来的人物。

4. 将路径转化为选区

在绘制好路径的前提下，可以将路径转化为选区，详细的方法请参考路径相关内容。

3.3　上机练习

3.3.1　枫叶飘飘

本练习使用魔棒工具、套索工具或执行"编辑"|"变换"等命令来制作枫叶飘飘。效果图如图 3-75 所示。

图 3-75　枫叶飘飘效果

操作步骤。

（1）打开稻草人、枫叶以及背景素材图片。

（2）创建稻草人的选区，并将其移动到背景图片中。

（3）创建大枫叶的选区，并将其移动到背景图片中进行变换操作。

（4）多次复制大枫叶的图层，并对各个层上的枫叶执行"编辑"|"变换"菜单中的各种变换命令或变形操作。

（5）创建小枫叶的选区，并将其移动到背景图片中进行变换操作。

（6）多次复制小枫叶的图层，并对各个层上的枫叶执行"编辑"|"变换"菜单中的各种变换命令或变形操作。

（7）调整各个枫叶图层顺序，做出最终效果图。

3.3.2　立体建筑

本练习使用椭圆选框工具、载入选区与"编辑"|"自由变换"等命令来制作立体建筑效果，如图 3-76 所示。

图 3-76 立体建筑效果

操作步骤。

（1）打开球形以及背景素材图片。

（2）创建球体选区，并将其移动到背景图片中。

（3）将球体图层复制一份，将其中一个球体的选区载入进来，执行"选择"|"修改"|"收缩"命令进行适当收缩。

（4）按 Delete 键将选区内图像删除，做出环形。

（5）对另外一个球体进行自由变换，将其缩小并移动到合适位置。

（6）复制出 3 个球体并分别将其移动到合适位置，做出最终效果图。

3.3.3 合成风景

本练习使用魔棒工具、选取相似、快速蒙版模式编辑工具、画笔工具以及图层顺序调整等命令来制作合成风景效果，如图 3-77 所示。

图 3-77 合成风景效果

操作步骤：

（1）打开素材图片。

（2）将建筑图像作为当前编辑图像，双击"背景"图层将其转化为普通图层。

（3）用魔棒工具和快速蒙版编辑工具以及画笔工具创建蓝色天空部分选区并将其

删除。

（4）用移动工具将素材图像拖动到建筑物图像中，选取天空白色部分并删除。

（5）用移动工具将树木图像拖到建筑物图像中，并移动到合适位置。

（6）调整各个图层顺序，做出最终效果图。

3.3.4　抽出抠像

本练习使用"滤镜"|"抽出"命令和渐变工具制作抽出抠像效果，如图 3-78 所示。

图 3-78　抽出抠像效果

操作步骤。

（1）打开人物图片。

（2）将人物图片作为当前编辑图像，执行"滤镜"|"抽出"命令将人物抠取出来。

（3）新建"图层 1"图层，用渐变工具，选择"橙色-黄-橙渐变"颜色，线性渐变方式，为"图层 1"图层添加渐变效果

（4）调整各个图层顺序，使人物所在图层处于最上方，做出最终效果图。

第4章 图层的应用

在 Photoshop 中,图层是构成图像的重要组成单位,每一个图层都是由许多像素组成的,而图层又通过上下叠加的方式来组成整个图像。打个比喻,每一个图层就好似是一个透明的"玻璃",而图层内容就画在这些"玻璃"上,如果"玻璃"什么都没有,这就是个完全透明的空图层,当各"玻璃"都有图像时,自上而下俯视所有图层,从而形成图像显示效果。实现图像效果一种直观而简便的方法就是通过对图层的直接操作实现的。总之,图层的概念非常重要。

4.1 案例导学

案例 4.1 制作标准 CD 盘面

案例分析:

本案例通过多个图层的建立,制作了一个 CD 盘面。主要应用了选择工具、填充工具、文字工具等,对图层进行操作并添加了图层样式,最终完成制作。

案例效果:

案例效果如图 4-1 所示。

操作步骤:

(1) 执行"文件"|"新建"命令,弹出"新建"对话框,新建一个长和宽均为 425 像素的空白文件,分辨率设为 72 像素/英寸,背景内容透明,如图 4-2 所示。

图 4-1 CD 封面效果图

图 4-2 设置"新建"对话框

(2) 选择椭圆选择工具,在选项栏上将样式设为固定大小,在右侧的宽度和高度输入框中填入 340 像素,在图像窗口中单击,即出现一个直径为 340 像素的圆形选区,按住鼠标不放,移动选区到适当位置再放开鼠标,完成选区的绘制,如图 4-3 所示。

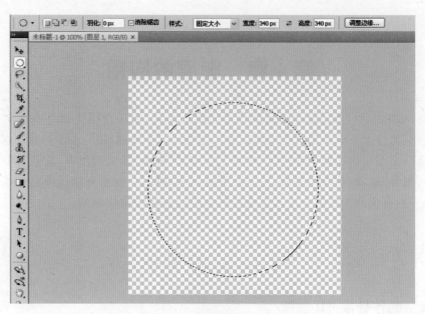

图 4-3　设置选择框大小

（3）执行"图层"|"新建"命令,在背景图层的上面新建一个空白图层,命名为"CD",执行"编辑"|"填充"命令,使用白色进行填充,如图 4-4 所示。

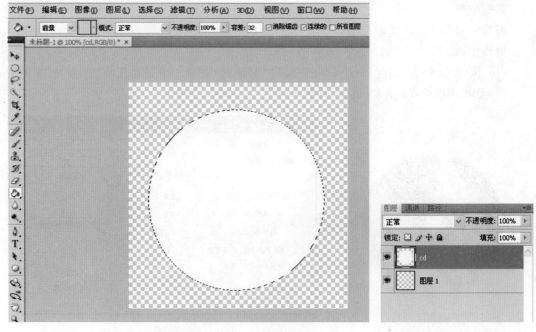

图 4-4　新建图层填充白色

（4）执行"选择"|"取消选择"命令。选择椭圆选择工具,在选项栏上将样式设为固定大小,在右侧的宽度和高度输入框中填入 42.5px,在图像窗口中绘制出一个直径为 42.5px 的圆形选区,如图 4-5 所示。

图 4-5　设置新选区

（5）在"图层"面板上再新建一个"图层 2"图层，通过色板，选择红色前景色，填入红色，然后取消选区，如图 4-6 所示。

图 4-6　选择色板

（6）按住 Ctrl 键，同时选择"图层 2"和"图层 cd"图层，单击"图层"面板下方"链接图层"按钮 ∞。选择移动工具，在选项栏上单击水平居中按钮 ⋕ 和垂直居中按钮 ⋕，使两个圆形位于图像的中央，如图 4-7 所示。

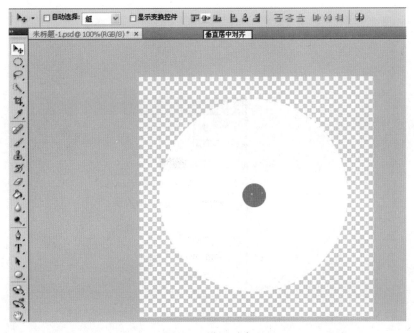

图 4-7　设置对齐

（7）再次单击"链接图层"按钮，取消图层之间的链接。再选择图层"CD"，然后按住 Ctrl 键单击"图层 2"图层，将其轮廓作为选区载入，按 Delete 键，同时按 Ctrl＋D 键取消选区。单击"图层 2"图层，单击面板底部的"删除图层"按钮，删除，如图 4-8 所示。

（8）按住 Ctrl 键单击 CD 图层，将其轮廓作为选区载入，这是一个环状选区。执行"编辑"|"描边"命令，在弹出的"描边"对话框中设置描边的宽度为 1px，颜色为黑色，位置为居中，如图 4-9 所示。设置好后单击"确定"按钮，CD 图层的边缘将描上细细的黑边，如图 4-9 所示。

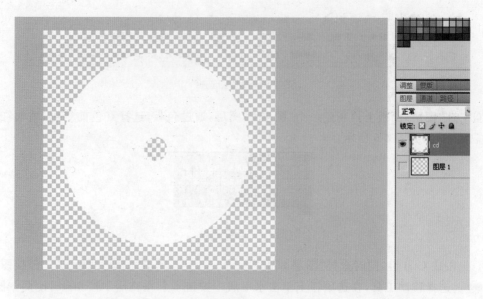

图 4-8　删除"图层 2"图层及选区

图 4-9　图层描边

　　(9) 执行"图层"|"图层样式"|"投影"命令,弹出"图层样式"对话框,将阴影的不透明度设为 50%,距离设为 5 像素,扩展设为 30%,大小设为 10 像素,其余选项保持默认,如图 4-10 所示。

　　(10) 单击"确定"按钮后,CD 图层出现下落式阴影,有了立体感,从背景中突出出来。按住 Ctrl 键单击 CD 图层,将其轮廓作为选区载入,新建图层命名为"cover"。执行"选择"|"修改"|"收缩"命令,在弹出的"收缩选区"对话框中填入 3 像素。单击"确定"按钮,选区向内收缩了 3 像素,使用自己喜欢的颜色(例如蓝色)填充选区,然后取消选区,如图 4-11 所示。

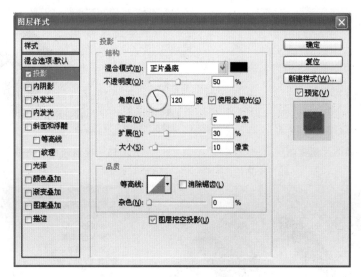

图 4-10　设置投影

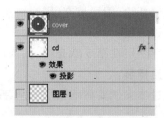

图 4-11　填充新图层

（11）打开一幅图片，使用移动工具将它拖到制作的 CD 图像窗口中，过来的图片在"图层"面板最上面自动建立了新图层，将它命名为 photo，如图 4-12 所示。

（12）按住 Alt 键，将鼠标移动到 photo 图层和 cover 图层之间，当光标变成两个相交的小圆和一个箭头的样子时单击，两个图层建立剪辑组，cover 图层成为 photo 图层的蒙版，photo 图层只能在 cover 图层范围内显示。使用移动工具调整 photo 图层中的图像到适当位置，如图 4-13 所示。

（13）单击工具栏"直排文字"按钮，填入文字，设置字体华文行楷，大小 36 点，浑厚，变性选择旗帜，弯曲设置为−29，对文字图层选择样式"日落天空"，如图 4-14 所示。

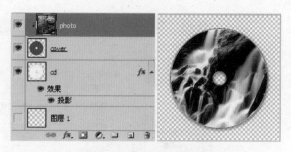

图 4-12 拖动图片建立图层   图 4-13 覆盖新图层图像

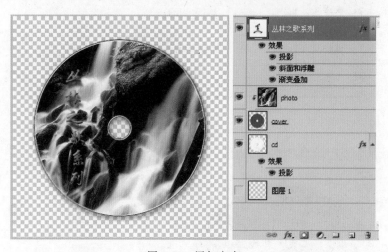

图 4-14 添加文字

（14）使用油漆桶工具将图层 1 填充为白色，最终制作完成，如图 4-1。

知识点分析：

图层新建、图层填充、图层链接、图层对齐、图层样式应用、图层删除、文字图层。

知识链接：

文字图层在第 5 章介绍，蒙版的概念在第 6 章介绍。

总结拓展：

通过本案例要熟练图层的新建、选定、填充、删除及样式添加等操作。

案例 4.2 制作编织图

案例分析：

本案例制作了图片的编织效果图，使用了标尺、参考线、选择工具、滤镜工具、通道及各种图层操作，最终完成制作。

案例效果：

案例效果如图 4-15 所示。

操作步骤：

（1）挑选一张自己喜爱的图像，用 Photoshop 打开后做好备份工作，如图 4-16 所示。

（2）复制背景层，将复制图层命名为"1"；再次复制，图层命名为"2"。

（3）执行"编辑"|"首选项"|"单位与标尺"命令，将标尺单位设为百分比，按 Ctrl＋R 键

图 4-15　最终效果图

图 4-16　原图片

打开标尺，从标尺上拖动，在 5％和 95％处各拉出一条纵向的参考线；执行"视图"|"对齐到"|"参考线"命令；选择矩形选框工具，在图中画出 5 个横向的矩形选框，使矩形的短边对齐到参考线上，注意这几个矩形的间距就是将来纸条间距，不要一样，如果想让它紧密一些，不妨把间距设的窄一些。执行"选择"|"存储选区"命令，存为通道，将通道命名为"h"，如图 4-17 所示，然后取消选择。

图 4-17　绘制横向选区和存储

（4）再从 5% 和 95% 处拉出两条横向的参考线，以这两条参考线之间的距离为长，做出 5 个纵向矩形选框，同样，将选区存为通道，将通道命名为 v，如图 4-18 所示，取消选择。

图 4-18　绘制纵向选区

（5）按 Ctrl＋R 键，关闭标尺显示，按 Ctrl＋：键，隐藏参考线。单击"通道"面板，选择通道 h，执行"滤镜"|"像素化"|"晶格化"命令，将单元格大小设为 5，通道内的白色区域出现锯齿状的撕边效果；同样的，选择通道 v，按 Ctrl＋F 键，再次应用上一个滤镜，使通道 v 中的白色区域也呈锯齿状，如图 4-19 所示。

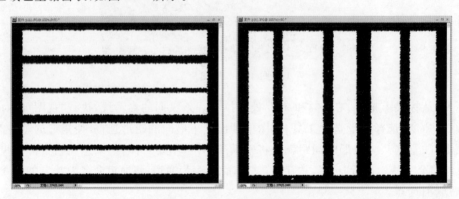

图 4-19　"晶格化"滤镜效果

（6）回到 RGB 综合通道，先隐藏背景层和 1 图层，单击"图层"面板两图层前的眼睛，确保在 2 图层中，执行"选择"|"载入选区"命令，选通道 v，执行"选择"|"反向"命令，进行反选和删除操作，再次反选；复制当前图层，默认名称为"2 副本"，如图 4-20 所示。

（7）在"2 副本"图层上新建图层，命名为"2b"，可在色板的右上角单击 ，执行"复位色板"命令，执行"编辑"|"填充"命令，使用白色，执行"滤镜"|"模糊"|"高斯模糊"命令，在弹出的高斯模糊对话框中设置半径为 2 像素，保持选择，这一层作为纸的毛边部分，如图 4-21 所示。

（8）在 2b 图层上新建图层，命名为"2c"，用黑色填充后，也用半径为 2 像素的高斯模糊滤镜模糊内边缘，再将图层的不透明度降低到 75%，作为纸的阴影，然后将 2c 图层置于 2

图 4-20　制作撕边效果

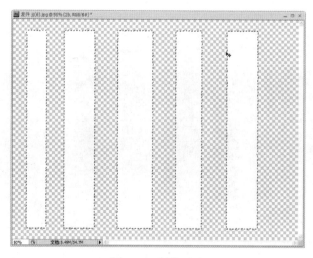

图 4-21　制作毛边

图层之下,如图 4-22 所示。

(9) 选择"2 副本"图层,为方便观察,隐藏 2b 图层和 2 图层,单击"图层"面板两图层前的眼睛,执行"选择"|"修改"|"收缩"命令,弹出的"收缩选区"对话框中设置收缩 3 像素,进行反选和删除操作后取消选择,如图 4-23 所示。

(10) 在"图层"面板中拖曳图层,调整图层顺序:将"2 副本"图层移动到顶层,并用移动工具将 2c 图层向下和向右各移动 2 像素,使阴影效果更加明显,然后可见所有含 2 的图层,单击各图层前的眼睛按钮,将这些图层合并命名为 2。这样纵向的纸条就做好了,如图 4-24 所示。

(11) 选择 1 图层,将 2 图层隐藏,载入通道 h 的选区,进行反选和删除操作后再反选,复制当前图层,默认名称"1 副本",如图 4-25 所示。

(12) 在 1 图层上新建 1b 图层和 1c 图层,将 1b 填充白色,对图层 1c 填充黑色;保持选区,选择"1 副本"图层,隐藏 1 图层,收缩选区 3 像素,进行反选和删除操作后,取消选择;对 1c 图层和 1b 图层做高斯模糊处理,半径为 2 像素,如图 4-26 所示。

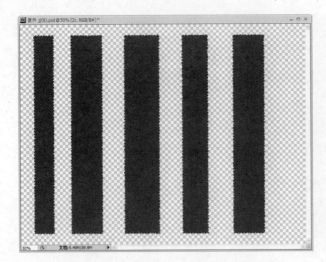

图 4-22　制作阴影

图 4-23　收缩选区

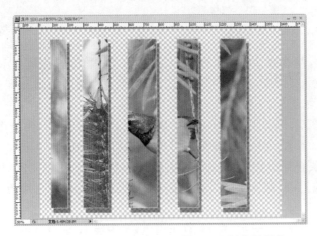

图 4-24　制作竖纸条

图 4-25　复制图层

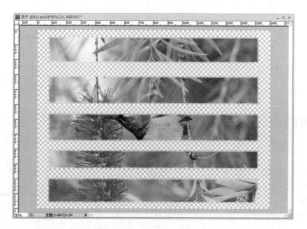

图 4-26　制作横条图层

（13）调整图层位置：将"1 副本"置于 2(已隐藏)图层之下，1c 图层置于 1 图层之下，再用移动工具将 1c 图层向右和向下分别移动 2 像素，此时的"图层"面板位置如下，如图 4-27 所示，合并可见图层，命名为 1。

图 4-27　图层顺序

（14）这样，横条和竖条完成，下面制作编织效果。选择 2 图层，复制当前图层。将 2 图层移动到 1 图层之下，确定当前层为"2 副本"图层。在"2 副本"图层中，用矩形选框选取不要的部分，进行删除操作，如图 4-28 所示，其中打红色对钩的都是要删除的对象，也可以按照相反的位置来删除。

（15）最后，在背景上用吸管选取某色，填充背景，整个效果就完成了，如图 4-15 所示。

知识点分析：

图层新建、图层复制、图层移动、调整图层、选区编辑。

知识链接：

通道的概念在第 6 章被介绍，滤镜在第 8 章介绍。

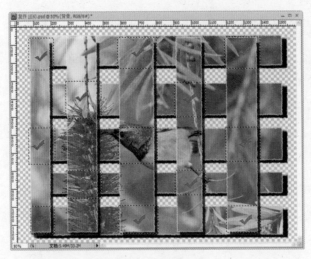

图 4-28　删除选区

总结拓展：

通过本案例要熟练图层的新建、复制、隐藏、移动、编辑选区、填充、删除及选区编辑等操作。

案例 4.3　制作中国象棋棋子

案例分析：

本案例通过制作中国象棋棋子，运用了选择工具、图层工具、滤镜、蒙版等，进行图层操作。

案例效果：

案例效果如图 4-29 所示。

操作步骤：

（1）新建一个文件，大小为照片，设置前景色的 RGB 分别为 177、127、75，背景色的颜色的 RGB 分别为 239、215、189，新建"图层 1"图层，选择菜单栏中的"滤镜"|"渲染"|"云彩"命令，得到效果如图 4-30 所示。

图 4-29　效果图

图 4-30　图层渲染

（2）执行"滤镜"|"杂色"|"添加杂色"命令，在弹出的"添加杂色"对话框中设置数量为 15%，选择"高斯分布"单选按钮，和"单色"复选框，如图 4-31 所示，单击"确定"按钮返回。

（3）选择矩形选框工具绘制一个与文件相同高度的矩形选区，效果如图 4-32 所示。

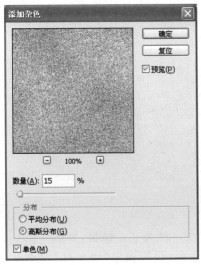

图 4-31　添加杂色

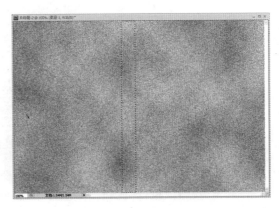

图 4-32　矩形选区

（4）按 Ctrl＋T 键，对矩形框进行自由变形，分别拖动控制框左侧和右侧中间的控制柄向左右两侧，拖至文件左、右两侧的边缘为止，确认操作后，按 Ctrl＋D 键取消选区，得到效果如图 4-33 所示。

（5）执行"滤镜"|"模糊"|"动感模糊"命令，设置距离为 300 像素，如图 4-34 所示，单击"确定"按钮返回。

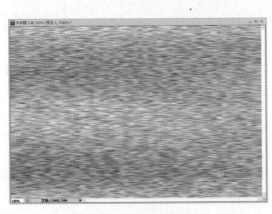

图 4-33　自由变形效果

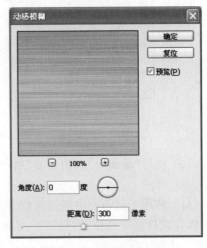

图 4-34　"动感模糊"对话框

（6）复制"图层 1"图层，默认名为"图层 1 副本"，执行"编辑"|"变换"|"水平翻转"命令。在"图层"面板单击"添加图层蒙版"按钮 ，为"图层 1 副本"图层添加图层蒙版。

（7）选择工具箱中的"渐变工具"，在其工具选项条上设置渐变类型为线形渐变，渐变颜色为从黑色到白色。选择"图层 1 副本"的图层蒙版，从蒙版的左侧至右侧绘制渐变，得到效果如图 4-35 所示。

（8）按住 Ctrl 键并单击"图层 1"和"图层 1 副本"图层，选取两图层，按 Ctrl＋E 键进行合并图层，并将合并后的图层命名为"图层 1"。

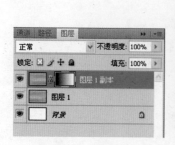
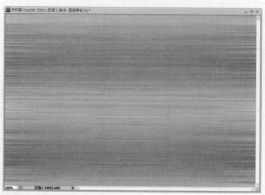

图 4-35　线性渐变

（9）执行"滤镜"|"模糊"|"高斯模糊"命令，设置模糊半径为 0.5 像素，如图 4-36（a）所示，单击"确定"按钮。执行"滤镜"|"扭曲"|"极坐标"命令，设置弹出"极坐标"对话框，如图 4-36（b）所示，单击"确定"按钮。

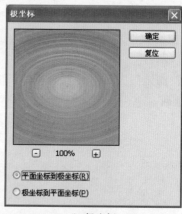

(a) 高斯模糊　　　　　　　　　　　　　(b) 极坐标

图 4-36　高斯模糊与极坐标

（10）执行"编辑"|"自由变换"命令，拖动变换框边沿使图像呈现同心圆效果，如图 4-37 所示。

（11）使用工具箱中的椭圆选框工具，按住 Shift 键绘制一个正圆选区，在选区内拖动将选区放在文件的中心位置，如图 4-38 所示。

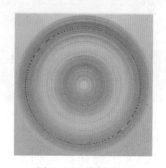

图 4-37　调整极坐标效果　　　　　　　　　图 4-38　绘制选区

（12）单击"添加图层蒙版"按钮，为"图层1"图层添加图层蒙版，效果如图4-39所示。

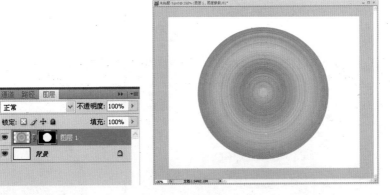

图4-39　添加蒙版

（13）单击"添加图层样式"按钮 *fx.*，在弹出的下拉列表中选择"内发光"命令，设置混合模式"变暗"，不透明度100％，颜色设置为♯7f2d00，方法精确，阻塞为35％，大小为27像素，如图4-40(a)所示，单击"确定"按钮，画面效果如图4-40(b)所示。

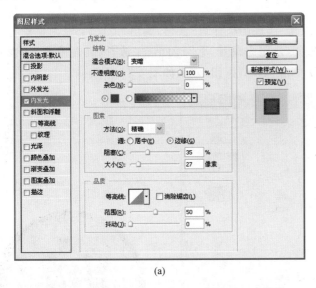

(a)

(b)

图4-40　内发光

（14）设置前景色为♯d90326，选择横排文字工具，在选项栏中设置文字的字体"华文行楷"，字号为80，设置消除锯齿的方法为"浑厚"，在象棋中间输入文字，如图4-41所示。

（15）按Ctrl键并单击文字图层建立选区，新建一个"图层2"图层，再按Alt＋Delete键将选区填充为红色，取消选区。

（16）隐藏"图层2"图层，选择文字图层。单击"添加图层样式"按钮，在弹出的下拉列表中选择"斜面和浮雕"命令，设置弹出的对话框，样式"枕状浮雕"，大小为3像素，软化为1像素，不透明度均为100％，如图4-42所示，单击"确定"按钮，得到画面

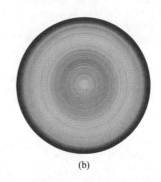

图4-41　添加文字

效果如图 4-43 所示。

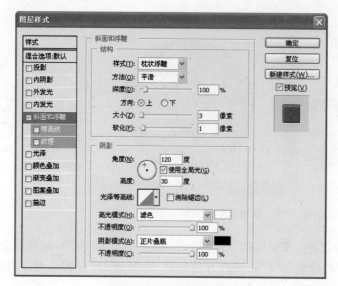

图 4-42　斜面和浮雕

图 4-43　效果图

　　(17) 选择显示"图层 2"图层,单击"添加图层样式"按钮,弹出"图层样式"对话框在弹出的下拉列表中选择"斜面和浮雕"命令,方向为设置"下",大小 14 像素,高光模式为"滤色",不透明度为 100%,如图 4-44 所示,单击"确定"按钮,效果如图 4-45 所示。

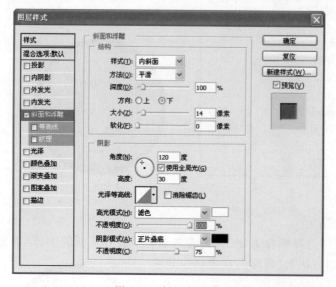

图 4-44　斜面和浮雕

图 4-45　效果图

　　(18) 单击"图层 1"图层的图层蒙版缩览图并按 Ctrl 键建立选区,执行"选择"|"变换选区"命令,调出自由变换控制框,按 Alt+Shift 键向中心拖动左上角的控制柄,直至将选区缩放为如图 4-46 所示。

　　(19) 按 Enter 键确认操作,新建一个"图层 3"图层,在所有图层上方,再按 Alt+Delete 键将选区填充为红色。

（20）保持选区不变，执行"选择"|"变换选区"命令，调出自由变换控制框，按 Alt＋Shift 键向中心拖动左上角的控制柄，将选区变换至如图 4-47 所示的大小，按 Enter 键确认，选择"图层 3"图层，按 Delete 键删除选区中的图像，如图 4-47 所示，取消选区。

图 4-46　选取缩放　　　　　　　　　图 4-47　制作选区并删除

（21）单击"添加图层样式"按钮，在弹出的下拉列表中选择"斜面和浮雕"命令，在"图层样式"对话框中设置样式为"枕状浮雕"，大小为 3 像素，软化为 1 像素，不透明度为 100％，如图 4-48(a)所示，单击"确定"按钮，效果如图 4-48(b)所示。

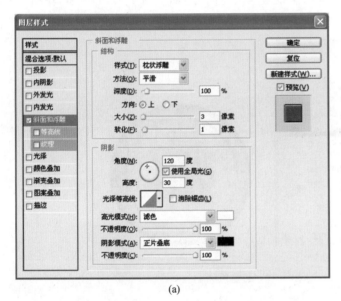 

(a)　　　　　　　　　　　　　　　　　　　(b)

图 4-48　斜面和浮雕

（22）单击"图层 3"图层并按 Ctrl 键，建立选区，新建一个"图层 4"图层，按 Alt＋Delete 键将选区填充为红色，取消选区。

（23）单击"添加图层样式"按钮，在弹出的下拉列表中选择"斜面和浮雕"命令，在"图层样式"对话框中设置，方向为"下"，大小为 14 像素，高光模式为"滤色"，不透明度为 100％，如图 4-49(a)所示，单击"确定"按钮，画面效果如图 4-49(b)所示。

（24）按住 Ctrl＋Shift 键，单击"图层 2"和"图层 3"图层，得到两者相加后的选区。

（25）选择"图层 4"图层，拟行"图层"|"新建调整图层"|"色阶"命令，弹出"新建图层"对

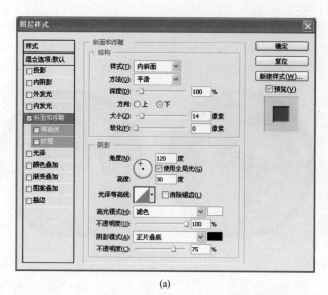

(a)　　　　　　　　　　　　　　　　(b)

图 4-49　添加图层样式

话框,单击"确认"按钮,在"调整"面板中设置输出色阶为 34,如图 4-50(a)所示,单击"确定"
按钮,效果如图 4-50(b)所示。

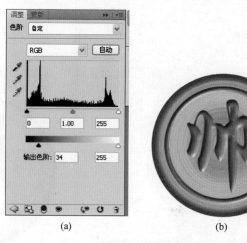

(a)　　　　　　　　　(b)

图 4-50　调整色阶

(26) 按住 Ctrl 键单击"色阶 1"图层调整图层的图层蒙版缩览图建立选区,执行"图层"
|"新建调整图层"|"色相/饱和度"命令,弹出"新建图层"对话框,单击"确定"按钮后在"颜
色"面板中选择"着色"复选框,色相为 5,饱和度为 100,设置如图 4-51(a)所示,效果如
图 4-51(b)所示。

　　知识点分析:

　　图层新建、图层选取、图层复制、图层合并、图层变换、图层蒙版、图层顺序调整、图层样
式、图层填充、文字图层、调整图层、选区编辑。

　　知识链接:

　　色彩调整在第 7 章介绍,蒙版和滤镜在第 8 章介绍。

(a)　　　　　　　　　　　　(b)

图 4-51　调整色相/饱和度

总结拓展：

通过本案例要熟练图层的新建、选取、复制、合并、变换、填充、删除及图层样式效果添加等操作。

4.2　相　关　知　识

4.2.1　基本概念

根据图层的功能和用途，图层有不同的类型。

（1）背景图层：图层面板最下面的图层称为背景图层，处于锁定状态，不能执行移动、修改混合模式等操作。

（2）普通图层：包含像素图像的图层，可编辑修饰，绘制工具可直接在图层上进行绘制和修改。

（3）文字图层：用文字工具输入文字自动创建的图层，对文字进行编辑加工，具有独立性。

（4）调整图层：包括填充和调整图层，可调整图像的色彩，作为独立的图层，记录不同颜色命令的参数值，可随时修改或删除。

（5）形状图层：使用形状工具组创建的带有矢量形状的蒙版图层，不受分辨率限制，缩放时画质不损失，修改容易，用来创建图形、标志等。

（6）图层组：方便组织和管理图层，类似图层文件夹，可创建图层组对各图层分类集中，便于对数量众多的图层查找和编辑。

（7）智能对象图层：包含嵌入的智能对象图层，再放大或缩小含有智能对象的图层时，不会丢失像素。

"图层"面板中👁指示图层可见性，🔗链接图层，▫添加图层蒙版，*fx.*添加图层样式，⊘.创建新的填充或调整图层，▢创建新组，🔲创建新图层，🗑删除图层。

4.2.2 图层的基本操作

图层的基本操作很多,现介绍常用操作。

(1) 显示隐藏图层:单击可见性眼睛图标,可进行图层显示与隐藏的切换。

(2) 转换背景图层与普通图层:双击背景图层,在弹出的对话框中输入图层的新名称,单击"确定"按钮即可将背景层转为普通层。选中普通层,执行"图层"|"新建"|"图层背景"命令,可以将普通层转换为背景层。

(3) 设置图层属性:选择一个普通图层,执行"图层"|"图层属性"命令或右击,从弹出的快捷菜单中选择"图层属性"命令,在弹出的"图层属性"对话框中设置名称及颜色。

(4) 新建图层:单击"图层"面板中的"创建新图层"按钮或执行"图层"|"新建"|"图层"命令,新建一个空白图层,这个新建的图层会自动依照建立的次序命名,第一次新建的图层名称为"图层 1"。

(5) 复制图层:需要制作同样效果的图层可复制图层,右击该图层,从弹出的快捷菜单中选择"复制图层"命令,双击新图层的名称可以重命名图层的名字。或先选中图层,再用鼠标将图层的缩览图拖至"创建新图层"按钮上,释放鼠标,该图层就被复制出来了,被复制出来的图层为图层副本,它位于原图层的上方,两图层中的内容一样。如果制作了选区,则可以在选区中右击鼠标,在弹出的快捷菜单中执行"通过拷贝的图层"(也可直接按 Ctrl+J键)或"通过剪切的图层"项,此时系统将会把选区内的图像创建为新图层。

(6) 删除图层:对于没有用的图层,可以将它删除。先选中要删除的图层,然后单击"图层"面板上的"删除图层"按钮,在弹出的确认框中单击"是"按钮,这样选中的图层就被删除了。或在图层面板中选中要删除的图层,将其拖至面板下方的"删除图层"按钮上。或在"图层"面板中选中要删除的图层,执行"图层"|"删除"|"图层"命令。或在"图层"面板中右击要删除的图层,从弹出的快捷菜单中执行"删除图层"命令。或在"图层"面板中选中图层,按 Delete 键可删除当前图层。

(7) 调整图层顺序:在"图层"面板中将图层向上或向下拖移,当显示的突出线条出现在要放置图层或图层组的位置时松开鼠标按钮即可。如果是要将单独的图层移入图层组中,直接将图层拖移到图层组文件夹即可。此外,也可以执行"图层"|"排列"菜单下的命令来调整图层次序。按 Ctrl+[键和 Ctrl+]键也可改变当前图层的上下关系

(8) 合并图层:利用图层的合并功能,可以将多个图层合并为一个图层,合并后的图层中,所有原图层透明区域的交迭部分都会保持透明。将全部选定图层合并在一起可以执行"合并图层"、"合并可见图层"和"拼合图像"等命令。合并图层,可以合并几个相邻的图层或组。合并可视图层,可将图像中所有显示的图层合并,而隐藏的图层则保持不变。拼合图层,将所有可见图层合并到背景中并扔掉隐藏的图层,将使用白色填充其余的任何透明区域。

(9) 图层的链接:在编辑图像时,利用图层的链接功能,可以同时对多个图层中的图像进行移动或变形以及合并等操作,从所链接的图层中进行复制、粘贴、对齐、合并、应用变换和创建剪贴组等操作。要使几个图层成为链接的层,在"图层"面板中同时选中多个图层或组,单击"图层"面板底部的链接图标,"图层"面板中链接的每图层右侧出现链接图标。要取消图层链接,可选择一个链接的图层,要选择所有链接图层,选择其中一个图层,执行"图层"

|"选择链接图层"命令，单击"图层"面板底部链接图标按钮取消链接。要临时停用链接的图层，按住 Shift 键并单击"链接图层"按钮。将出现一个红色的 X。按住 Shift 键单击"链接图层"按钮可再次启用链接。

（10）删格化图层：文字图层、形状图层、矢量蒙版和填充图层之类的图层，不能使用绘画工具或滤镜进行处理了，若再继续操作就需要使用到栅格化图层，将图层的内容转换为平面的光栅图像。删格化图层，选中图层后右击，从弹出的快捷菜单中选择"删格化图层"命令，或者执行"图层"|"删格化"的子菜单项：文字，栅格化文字图层上的文字。该操作不会栅格化图层上的任何其他矢量数据。形状，栅格化形状图层。填充内容，栅格化形状图层的填充，同时保留矢量蒙版。矢量蒙版，栅格化图层中的矢量蒙版，同时将其转换为图层蒙版。智能对象，将智能对象转换为栅格图层。视频，将当前视频帧栅格化为图像图层。3D(仅限Extended)，将 3D 数据的当前视图栅格化成平面栅格图层。图层，栅格化选定图层上的所有矢量数据。所有图层，栅格化包含矢量数据和生成的数据的所有图层。

（11）图层的锁定：编辑图像时，为避免某些图层上的图像受到影响，可选中这些图层，然后单击"图层"面板中的 4 种锁定方式按钮□/✛🔒之一，将其锁定。锁定透明像素 □：表示禁止在锁定层的透明区绘画。锁定图像像素 /：表示禁止编辑锁定层，如禁止使用画笔工具在该图层绘画，但可以移动该图层中的图像。锁定位置 ✛：表示禁止移动该图层中的图像，但可以编辑图层内容。锁定全部 🔒：表示禁止对锁定层进行任何操作。图层锁定后图层名称的右边会出现一个锁图标，当图层完全锁定时锁图标是实心的，当图层部分锁定时，锁图标是空心的。

（12）盖印图层：盖印多个选定图层或链接的图层时，将创建一个新图层包含合并图层内容，而原来的图层不变。一般情况下，所选图层将向下盖印它下面的图层，生成新图层在所有原图层的上面。若原图层含背景层，则盖印在背景层中。盖印图层首先选择多个图层，然后按 Ctrl＋Alt＋E 键。若盖印所有可见图层，打开要合并的图层的可见性，按 Shift＋Ctrl＋Alt＋E 键。

4.2.3　图层组

创建新图层组，单击"图层"面板中的"新建组"按钮，或执行"图层"|"新建"|"组"命令，或单击"图层"面板 ▾≡ 按钮，打开"图层"面板菜单，执行"新建组"命令。按住 Alt 键并单击"图层"面板中的"新建组"按钮，以显示"新建组"对话框并设置选项。按住 Ctrl 键并单击"图层"面板中的"新建组"按钮，在当前选中的图层下添加一个图层组。

图层编组，"图层"面板中选择多个图层，执行"图层"|"图层编组"命令，或在按住 Alt 键或 Ctrl 键的同时，将图层拖到"图层"面板底部的新建组"文件夹"图标，这些图层将进行编组。若取消图层编组，选择相应的组并执行"图层"|"取消图层编组"命令。

4.2.4　填充图层和调整图层

1. 什么是调整图层和填充图层

调整图层是将颜色和色调调整应用于图像，而不会永久更改像素值。例如，可以创建"色阶"或"曲线"调整图层，而不是直接在图像上调整"色阶"或"曲线"。颜色和色调调整存储在调整图层中，并应用于它下面的所有图层。您可以随时扔掉更改并恢复原始图像。

调整图层选择匹配"调整"面板中可用的命令。从"图层"面板中选择调整图层可显示"调整"面板中的相应命令设置控件。如果"调整"面板已关闭,可以通过双击"图层"面板中的调整图层缩览图来打开。

填充图层使您可以用纯色、渐变或图案填充图层。与调整图层不同,填充图层不影响它们下面的图层。

2. 调整图层的优点

编辑不会造成破坏。可以尝试不同的设置并随时重新编辑调整图层,也可以通过降低调整图层的不透明度来减轻调整的效果。

编辑具有选择性。在调整图层的图像蒙版上绘画可将调整应用于图像的一部分。稍后,通过重新编辑图层蒙版,可以控制调整图像的哪些部分。通过使用不同的灰度色调在蒙版上绘画,您可以改变调整。

能够将调整应用于多个图像。在图像之间和粘贴调整图层,以便应用相同的颜色和色调调整。

调整图层会增大图像的文件大小,尽管所增加的大小不会比其他图层多。如果要处理多个图层,可能希望通过将调整图层合并为像素内容图层来缩小文件大小。调整图层具有许多与其他图层相同的特性。可以调整它们的不透明度和混合模式,并可以将它们编组以便将调整应用于特定图层。可以启用和禁用它们的可见性,以便应用效果或预览效果。

3. 创建调整图层

有关特定的调整图层选项的信息,请参阅颜色和色调调整。

通过下列操作之一可创建调整图层。

(1) 单击调整图标或在"调整"面板中选择调整预设。

(2) 单击"图层"面板底部的"新建调整图层"按钮 ,然后选择调整图层类型。

(3) 执行"图层"|"新建调整图层"命令,然后选择一个选项。命名图层,设置图层选项,然后单击"确定"按钮。

要将调整图层的效果限制在一组图层内,请创建由这些图层组成的剪贴蒙版。可以将调整图层放到此剪贴蒙版内,或放到它的基底上。所产生的调整将被限制在该组中的图层内。也可以创建一个使用除"穿透"外的任何混合模式的图层组。

4. 创建填充图层

通过下列操作之一可创建填充图层。

在执行"图层"|"新建填充图层"的子菜单中选择一个选项。在弹出的"新建图层"对话框中对图层进行命名,设置图层选项,然后单击"确定"按钮。

单击"图层"面板底部的"创建新的调整图层"按钮 ,然后从选项中选择填充图层类型。

(1) 纯色。用当前前景色填充调整图层。可在"拾取实色"对话框中选择其他填充颜色。

(2) 渐变。选择"渐变"选项显示"渐变填充"对话框,或从"渐变"列表中选取一种渐变。如果需要,请设置其他选项。"样式"指定渐变的形状。"角度"文本框指定应用渐变时使用的角度。"缩放"文本框用于更改渐变的大小。"反向"复选框用于翻转渐变的方向。"仿色"复选框用于通过对渐变应用仿色减少带宽。"与图层对齐"复选框用于使用图层的定界框来计算渐变填充。可以在图像窗口中拖动以移动渐变中心。

（3）图案。选择"图案"选项，并从弹出的"图案填充"对话框中选取一种图案。单击"缩放"文本框，并输入值或拖动滑块。单击"贴紧原点"按钮以使图案的原点与文档的原点相同。如果希望图案在图层移动时随图层一起移动，请选择"与图层链接"复选框。选中"与图层链接"复选框后，当"图案填充"对话框打开时可以在图像中拖移以定位图案。

4.2.5　智能对象

智能对象是包含栅格或矢量图像（如 Photoshop 或 Illustrator 文件）中的图像数据的图层。智能对象将保留图像的源内容及其所有原始特性，从而让您能够对图层执行非破坏性编辑。

可以用以下几种方法创建智能对象：使用"打开为智能对象"命令；置入文件；从 Illustrator 粘贴数据；将一个或多个 Photoshop 图层转换为智能对象。

可以利用智能对象执行以下操作。

执行非破坏性变换。可以对图层进行缩放、旋转、斜切、扭曲、透视变换或使图层变形，而不会丢失原始图像数据或降低品质，因为变换不会影响原始数据。处理矢量数据（如 Illustrator 中的矢量图片），若不使用智能对象，这些数据在 Photoshop 中将进行栅格化。非破坏性应用滤镜。可以随时编辑应用于智能对象的滤镜。编辑一个智能对象并自动更新其所有的链接实例。应用与智能对象图层链接或未链接的图层蒙版无法对智能对象图层直接执行或改变像素数据的操作（如绘画、减淡、加深或仿制），除非先将该图层转换成常规图层（将进行栅格化）。要执行或改变像素数据的操作，可以编辑智能对象的内容，在智能对象图层的上方仿制一个新图层，编辑智能对象的副本或创建新图层。

注：当变换已应用智能滤镜的智能对象时，Photoshop 会在执行变换时关闭滤镜效果。变换完成后，将重新应用滤镜效果。请参阅关于智能滤镜。

1. 复制智能对象

在"图层"面板中，选择智能对象图层，然后执行下列操作之一。

要创建链接到原始智能对象的重复智能对象，请执行"图层"|"新建"|"通过拷贝的图层"命令，或将智能对象图层拖到"图层"面板底部的"创建新图层"按钮。对原始智能对象所做的编辑会影响副本，而对副本所做的编辑同样也会影响原始智能对象。

要创建未链接到原始智能对象的重复智能对象，执行"图层"|"智能对象"|"通过拷贝新建智能对象"命令。对原始智能对象所做的编辑不会影响副本。

一个名称与原始智能对象相同并带有"副本"后缀的新智能对象将出现在"图层"面板上。

2. 编辑智能对象的内容

当编辑智能对象时，源内容将在 Photoshop（如果内容为栅格数据或相机原始数据文件）或 Illustrator（如果内容为矢量 PDF）中打开。当您存储对源内容所做的更改时，Photoshop 文档中所有链接的智能对象实例中都会显示所做的编辑。

从"图层"面板中选择智能对象，然后执行下列操作之一。

执行"图层"|"智能对象"|"编辑内容"命令。

双击"图层"面板中的智能对象缩览图命令。

单击"确定"按钮关闭该对话框。

对源内容文件进行编辑,然后执行"文件"|"存储"命令。

Photoshop 会更新智能对象以反映您所做的更改。(如果看不到所做的更改,请激活包含智能对象的 Photoshop 文档)。

3. 导出智能对象的内容

从"图层"面板中选择智能对象,然后执行"图层"|"智能对象"|"导出内容"命令。

选择智能对象内容的位置,然后单击"存储"按钮。

Photoshop 将以智能对象的原始置入格式(JPEG、AI、TIF、PDF 或其他格式)导出智能对象。如果智能对象是利用图层创建的,则以 PSB 格式将其导出。

4. 替换智能对象的内容

可以在一个或多个智能对象的实例(如果已链接智能对象)中更新图像数据。

注:当替换智能对象时,将保留对第一个智能对象应用的任何缩放、变形或效果。

选择智能对象,然后执行"图层"|"智能对象"|"替换内容"命令。

导航到要使用的文件,然后单击"置入"按钮。

单击"确定"按钮。

新内容即会置入到智能对象中。链接的智能对象也会被更新。

5. 将智能对象转换为图层

将智能对象转换为常规图层的操作将按当前大小栅格化内容。仅当不再需要编辑智能对象数据时,才可将智能对象转换为常规图层。在对某个智能对象进行栅格化之后,应用于该智能对象的变换、变形和滤镜将不再可编辑。

选择智能对象,然后执行"图层"|"栅格化"|"智能对象"命令。

如果要重新创建智能对象,请重新选择其原始图层并从头开始。新智能对象将不会保留您应用于原始智能对象的变换。

4.2.6 图层复合

为了向客户展示,设计师通常会创建页面版式的多个合成图稿(或复合)。使用图层复合,您可以在单个 Photoshop 文件中创建、管理和查看版面的多个版本。

图层复合是"图层"面板状态的快照。图层复合记录以下 3 种类型的图层选项。

(1) 图层可见性。图层是显示还是隐藏。

(2) 图层位置。在文档中的位置。

(3) 图层外观。是否将图层样式应用于图层和图层的混合模式。

注:与图层效果不同,无法在图层复合之间更改智能滤镜设置。一旦将智能滤镜应用于一个图层,则它将出现在图像的所有图层复合中。

可以将图层复合导出到单独的文件、单一 PDF 或 Web 照片画廊。

创建图层复合步骤如下。

执行"窗口"|"图层复合"命令,显示"图层复合"面板。

单击"图层复合"面板底部的"创建新的图层复合"按钮。新的复合反映"图层"面板中图层的当前状态。

在"新建图层复合"对话框中,命名该复合,添加说明性注释并选取要应用于图层的选项:"可见性"、"位置"和"外观"。

单击“确定”按钮。任何新复合都会保留您为前一个复合选取的选项，因此，如果希望复合相同，您不必再次进行这些选择。

要复制复合，可在“图层复合”面板中选择“复合”，然后将该复合拖到“新建复合”按钮。

4.2.7 对齐和均匀分布图层

利用 Photoshop 提供的“对齐”与“分布”命令可以将位于不同图层中(需同时选中要对齐的图层或在这些图层之间建立链接)的图像在水平或垂直方向上对齐，或均匀分布。可以使用移动工具对齐图层和组的内容。

1. 对齐图层和组执行下列操作之一

(1) 对齐多个图层。使用移动工具或在“图层”面板中选择图层，或者选择一个组。

(2) 要将一个或多个图层的内容与某个选区边界对齐。请在图像内建立一个选区，然后在“图层”面板中选择图层。使用此方法可对齐图像中任何指定的点。

在“图层”|“对齐”或“图层”|“将图层与选区对齐”菜单中执行相应的一个命令。在移动工具选项栏中，这些命令作为“对齐”按钮出现。

① 顶边。将选定图层上的顶端像素与所有选定图层上最顶端的像素对齐，或与选区边框的顶边对齐。

② 垂直居中。将每个选定图层上的垂直中心像素与所有选定图层的垂直中心像素对齐，或与选区边框的垂直中心对齐。

③ 底边。将选定图层上的底端像素与选定图层上最底端的像素对齐，或与选区边界的底边对齐。

④ 左边。将选定图层上左端像素与最左端图层的左端像素对齐，或与选区边界的左边对齐。

⑤水平居中。将选定图层上的水平中心像素与所有选定图层的水平中心像素对齐，或与选区边界的水平中心对齐。

⑥ 右边。将链接图层上的右端像素与所有选定图层上的最右端像素对齐，或与选区边界的右边对齐。

2. 均匀分布图层和组

选择 3 个以上的图层。

执行“图层”|“分布”的子命令。或者，选择移动工具并单击选项栏中的分布按钮。

(1) 顶边。从每个图层的顶端像素开始，间隔均匀地分布图层。

(2) 垂直居中。从每个图层的垂直中心像素开始，间隔均匀地分布图层。

(3) 底边。从每个图层的底端像素开始，间隔均匀地分布图层。

(4) 左边。从每个图层的左端像素开始，间隔均匀地分布图层。

(5) 水平居中。从每个图层的水平中心开始，间隔均匀地分布图层。

(6) 右边。从每个图层的右端像素开始，间隔均匀地分布图层。“自动对齐图层”命令可以根据不同图层中的相似内容(如角和边)自动对齐图层。可以指定一个图层作为参考图层，也可以让 Photoshop 自动选择参考图层。其他图层将与参考图层对齐，以便匹配的内容能够自行叠加。

4.2.8 自动对齐图层

通过执行"自动对齐图层"命令,可以用下面几种方式组合图像,如图 4-52 所示。

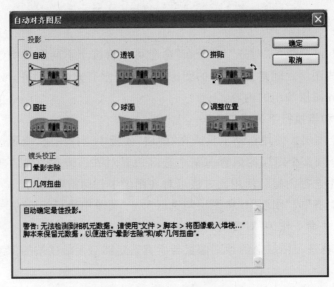

图 4-52 "自动对齐图层"对话框

替换或删除具有相同背景的图像部分。对齐图像之后,使用蒙版或混合效果将每个图像的部分内容组合到一个图像中。

1. 将共享重叠内容的图像缝合在一起

对于针对静态背景拍摄的视频帧,可以将帧转换为图层,然后添加或删除跨越多个帧的内容。

将要对齐的图像进行复制或置入到同一文档中。

每个图像都将位于单独的图层中。参阅复制图层的章节。

可以使用脚本将多个图像载入图层。执行"文件"|"脚本"|"将文件载入堆栈"命令。

在"图层"面板中,通过锁定某个图层来创建参考图层。请参阅锁定图层的章节。如果未设置参考图层,Photoshop 将分析所有图层并选择位于最终合成图像的中心的图层作为参考图层。

2. 选择要对齐的其余图层

要从面板中选择多个相邻图层,请按住 Shift 键并单击相应图层;要选择不相邻的图层,请按住 Ctrl 键并单击相应图层。

注:不要选择调整图层、矢量图层或智能对象,它们不包含对齐所需的信息。

执行"编辑"|"自动对齐图层"命令,然后选择对齐选项。要将共享重叠区域的多个图像缝合在一起(例如,创建全景图),请使用"自动"、"透视"或"圆柱"选项。要将扫描图像与位移内容对齐,请使用"仅调整位置"选项。

(1)自动。Photoshop 将分析源图像并应用"透视"或"圆柱"版面(取决于哪一种版面能够生成更好的复合图像)。

(2)透视。通过将源图像中的一个图像(默认情况下为中间的图像)指定为参考图像来创建一致的复合图像。然后将变换其他图像(必要时,进行位置调整、伸展或斜切),以便匹配图层的重叠内容。

(3) 圆柱。通过在展开的圆柱上显示各个图像来减少在"透视"版面中会出现的"领结"扭曲。图层的重叠内容仍匹配。将参考图像居中放置。最适合于创建宽全景图。

(4) 球面。将图像与宽视角对齐(垂直和水平)。指定某个源图像(默认情况下是中间图像)作为参考图像,并对其他图像执行球面变换,以便匹配重叠的内容。

(5) 场景拼贴。对齐图层并匹配重叠内容,不更改图像中对象的形状(例如,圆形将保持为圆形)。

(6) 仅调整位置。对齐图层并匹配重叠内容,但不会变换(伸展或斜切)任何源图层。

(7) 镜头校正。自动校正以下镜头缺陷。

① 晕影去除。对导致图像边缘(尤其是角落)比图像中心暗的镜头缺陷进行补偿。

② 几何扭曲。补偿桶形、枕形或鱼眼失真。

注:几何扭曲将尝试考虑径向扭曲以改进除鱼眼镜头外的对齐效果;当检测到鱼眼元数据时,几何扭曲将为鱼眼对齐图像。

自动对齐之后,可以执行"编辑"|"自由变换"命令来微调对齐或进行色调调整以使图层之间的曝光差异均化,然后将图层组合到一个复合图像中。

4.2.9 自动混合图层

使用"自动混合图层"命令可缝合或组合图像,从而在最终复合图像中获得平滑的过渡效果。"自动混合图层"将根据需要对每个图层应用图层蒙版,以遮盖过度曝光或曝光不足的区域或内容差异。"自动混合图层"仅适用于 RGB 或灰度图像。不适用于智能对象、视频图层、3D 图层或背景图层。

作为其众多用途之一,可以使用"自动混合图层"命令混合同一场景中具有不同焦点区域的多幅图像,以获取具有扩展景深的复合图像。还可以采用类似方法,通过混合同一场景中具有不同照明条件的多幅图像来创建复合图像。除了组合同一场景中的图像外,还可以将图像缝合成一个全景图。尽管使用 Photomerge 命令从多幅图像生成全景图可能会更好。

"自动混合图层"将根据需要对每个图层应用图层蒙版,以遮盖过度曝光或曝光不足的区域或内容差异并创建无缝复合。将要组合的图像拷贝或置入到同一文档中。每个图像都将位于单独的图层中。参阅复制图层。

选择要混合的图层。如果有必要,先对齐图层。可以手动对齐图层,或通过使用"自动对齐图层"命令来完成。请参阅自动对齐图像图层。在图层仍处于选定状态时,执行"编辑"|"自动混合图层"命令。

在弹出的"自动混合图层"对话框中选择混合方法。

(1) 全景图:将重叠的图层混合成全景图。

(2) 堆叠图像:混合每个相应区域中的最佳细节。该选项最适合已对齐的图层。

注:通过"堆叠图像",您可以混合同一场景中具有不同焦点区域或不同照明条件的多幅图像,以获取所有图像的最佳效果(您必须首先自动对齐这些图像)。

选择"无缝色调和颜色"复选框调整颜色和色调以便进行混合。

单击"确定"按钮完成操作。

4.2.10　图层效果

Photoshop 提供了各种效果(如阴影、发光和斜面)来更改图层内容的外观。图层效果与图层内容链接。移动或编辑图层的内容时,修改的内容中会应用相同的效果。例如,如果对文本图层应用投影并添加新的文本,则将自动为新文本添加阴影。

图层样式是应用于一个图层或图层组的一种或多种效果。可以应用 Photoshop 附带提供的某一种预设样式,或者使用"图层样式"对话框来创建自定样式。"图层效果"图标将出现在"图层"面板中的图层名称的右侧。可以在"图层"面板中展开样式,以便查看或编辑合成样式的效果。

1. 图层样式对话框概述

可以编辑应用于图层的样式,或使用"图层样式"对话框创建新样式。

"图层样式"对话框。单击复选框可应用当前设置,而不显示效果的选项。单击效果名称可显示效果选项。

可以使用以下一种或多种效果创建自定样式。

(1) 投影。在图层内容的后面添加阴影。

(2) 内阴影。紧靠在图层内容的边缘内添加阴影,使图层具有凹陷外观。

(3) 外发光和内发光。添加从图层内容的外边缘或内边缘发光的效果。

(4) 斜面和浮雕。对图层添加高光与阴影的各种组合。

(5) 光泽。应用创建光滑光泽的内部阴影。

(6) 颜色、渐变和图案叠加。用颜色、渐变或图案填充图层内容。

(7) 描边。使用颜色、渐变或图案在当前图层上描画对象的轮廓。它对于硬边形状(如文字)特别有用。

2. 图层样式选项

(1) 高度。对于"斜面和浮雕"效果,设置光源的高度。值为 0 表示底边;值为 90 表示图层的正上方。

(2) 角度。确定效果应用于图层时所采用的光照角度。可以在对话框中拖动以调整"投影"、"内阴影"或"光泽"效果的角度。

(3) 消除锯齿。混合等高线或光泽等高线的边缘像素。此选项在具有复杂等高线的小阴影上最有用。

(4) 混合模式。确定图层样式与下层图层(可以包括也可以不包括现用图层)的混合方式。例如,内阴影与现用图层混合,因为此效果绘制在该图层的上部,而投影只与现用图层下的图层混合。在大多数情况下,每种效果的默认模式都会产生最佳结果。请参阅混合模式列表。

(5) 阻塞。模糊之前收缩"内阴影"或"内发光"的杂边边界。

(6) 颜色。指定阴影、发光或高光。可以单击颜色框并选取颜色。

(7) 等高线。使用纯色发光时,等高线允许您创建透明光环。使用渐变填充发光时,等高线允许您创建渐变颜色和不透明度的重复变化。在斜面和浮雕中,可以使用"等高线"勾画在浮雕处理中被遮住的起伏、凹陷和凸起。使用阴影时,可以使用"等高线"指定渐隐。有关更多信息,请参阅用等高线修改图层效果。

(8)距离。指定阴影或光泽效果的偏移距离。可以在文档窗口中拖动以调整偏移距离。

(9)深度。指定斜面深度。它还指定图案的深度。

(10)使用全局光。可以使用此设置来设置一个"主"光照角度,此角度可用于使用阴影的所有图层效果:"投影"、"内阴影"以及"斜面和浮雕"。在任何这些效果中,如果选中"使用全局光"并设置一个光照角度,则该角度将成为全局光源角度。选定了"使用全局光"的任何其他效果将自动继承相同的角度设置。如果取消选择"使用全局光",则设置的光照角度将成为"局部的"并且仅应用于该效果。也可以通过执行"图层样式"|"全局光"命令来设置全局光源角度。

(11)光泽等高线。创建有光泽的金属外观。"光泽等高线"是在为斜面或浮雕加上阴影效果后应用的。

(12)渐变。指定图层效果的渐变。单击"渐变"以显示"渐变编辑器",或单击倒箭头并从弹出式面板中选取一种渐变。可以使用渐变编辑器编辑渐变或创建新的渐变。在"渐变叠加"面板中,可以像在渐变编辑器中那样编辑颜色或不透明度。对于某些效果,可以指定附加的渐变选项。"反向"翻转渐变方向,"与图层对齐"使用图层的外框来计算渐变填充,而"缩放"则缩放渐变的应用。还可以通过在图像窗口中单击和拖动来移动渐变中心。"样式"指定渐变的形状。

(13)高光或阴影模式。指定斜面或浮雕高光或阴影的混合模式。

(14)抖动。改变渐变的颜色和不透明度的应用。

(15)图层挖空投影。控制半透明图层中投影的可见性。

(16)杂色。指定发光或阴影的不透明度中随机元素的数量。输入值或拖动滑块。

(17)不透明度。设置图层效果的不透明度。输入值或拖动滑块。

(18)图案。指定图层效果的图案。单击弹出式面板并选取一种图案。单击"新建预设"按钮,根据当前设置创建新的预设图案。单击"贴紧原点",使图案的原点与文档的原点相同(在"与图层链接"处于选定状态时),或将原点放在图层的左上角(如果取消选择了"与图层链接")。如果希望图案在图层移动时随图层一起移动,请选择"与图层链接"。拖动"缩放"滑块,或输入一个值以指定图案的大小。拖动图案可在图层中定位图案;通过使用"贴紧原点"按钮来重设位置。如果未载入任何图案,则"图案"选项不可用。

(19)位置。指定描边效果的位置是"外部"、"内部"还是"居中"。

(20)范围。控制发光中作为等高线目标的部分或范围。

(21)大小。指定模糊的半径和大小或阴影大小。

(22)软化。模糊阴影效果可减少多余的人工痕迹。

(23)源。指定内发光的光源。选取"居中"以应用从图层内容的中心发出的发光,或选取"边缘"以应用从图层内容的内部边缘发出的发光。

(24)扩展。模糊之前扩大杂边边界。

(25)样式。指定斜面样式:"内斜面"在图层内容的内边缘上创建斜面;"外斜面"在图层内容的外边缘上创建斜面;"浮雕效果"模拟使图层内容相对于下层图层呈浮雕状的效果;

"枕状浮雕"模拟将图层内容的边缘压入下层图层中的效果;"描边浮雕"将浮雕限于应用于图层的描边效果的边界。(如果未将任何描边应用于图层,则"描边浮雕"效果不可见。)

(26) 方法。"平滑"、"雕刻清晰"和"雕刻柔和"可用于斜面和浮雕效果;"柔和"与"精确"应用于内发光和外发光效果。

① 平滑。稍微模糊杂边的边缘,可用于所有类型的杂边,不论其边缘是柔和的还是清晰的。此技术不保留大尺寸的细节特征。

② 雕刻清晰。使用距离测量技术,主要用于消除锯齿形状(如文字)的硬边杂边。它保留细节特征的能力优于"平滑"技术。

③ 雕刻柔和。使用经过修改的距离测量技术,虽然不如"雕刻清晰"精确,但对较大范围的杂边更有用。它保留特征的能力优于"平滑"技术。

④ 柔和。应用模糊,可用于所有类型的杂边,不论其边缘是柔和的还是清晰的。"柔和"不保留大尺寸的细节特征。

⑤ 精确。使用距离测量技术创造发光效果,主要用于消除锯齿形状(如文字)的硬边杂边。它保留特写的能力优于"柔和"技术。

(27) 纹理。应用一种纹理。使用"缩放"来缩放纹理的大小。如果要使纹理在图层移动时随图层一起移动,请选择"与图层链接"。"反相"使纹理反相。"深度"改变纹理应用的程度和方向(上/下)。"贴紧原点"使图案的原点与文档的原点相同(如果取消选择了"与图层链接"),或将原点放在图层的左上角(如果"与图层链接"处于选定状态)。拖动纹理可在图层中定位纹理。

4.2.11　样式面板

1. 显示"样式"面板

执行"窗口"|"样式"命令,打开"样式"面板,如图 4-53 所示。

2. 对图层应用预设样式

一般情况下,应用预设样式将会替换当前图层样式。不过,可以将第二种样式的属性添加到当前样式的属性中。

执行下列操作之一。

(1) 在"样式"面板中单击一种样式以将其应用于当前选定的图层。

图 4-53　"样式"面板

(2) 将样式从"样式"面板拖动到"图层"面板中的图层上。

(3) 将样式从"样式"面板拖到文档窗口,当鼠标指针位于希望应用该样式的图层内容上时,松开鼠标。

注:在单击或拖动的同时按住 Shift 键可将样式添加到(而不是替换)目标图层上的任何现有效果。

执行"图层"|"图层样式"|"混合选项"命令,然后单击"图层样式"对话框中的文字样式(对话框左侧列表中最上面的项目)。单击要应用的样式,然后单击"确定"按钮。

在形状图层模式下使用"形状"工具或"钢笔"工具时,请在绘制形状前从选项栏的弹出式面板中选择样式。

3. 应用另一个图层中的样式

在"图层"面板中，按住 Alt 键并从图层的效果列表拖动样式，以将其拷贝到另一个图层。

在"图层"面板中，单击此样式，并从图层的效果列表中拖动，以将其移动到另一个图层。

4. 更改预设样式的显示方式

单击"样式"面板中的三角形、"图层样式"对话框或选项栏中的"图层样式"弹出式面板。

从面板菜单中选择显示选项。

（1）"纯文本"：以列表形式查看图层样式。

（2）"小缩览图"或"大缩览图"：以缩览图形式查看图层样式。

（3）"小列表"或"大列表"：以列表形式查看图层样式，同时显示所选图层样式的缩览图。

4.3 上 机 练 习

本练习为制作人物投影效果

案例效果：

案例效果如图 4-54 所示。

图 4-54　效果图

本题关键是图层的复制与扭曲及样式应用。

操作步骤：

（1）首先，打开图像，使用套锁工具把图像抠出来。由于只是做投影，并不需要非常精确的轮廓边缘,因此只需简单地抠出图像即可。按 Ctrl＋J 键复制抠出的图层,生成"图层 1"图层,如图 4-55 所示。

图 4-55 生成新复制图层

(2)选择图层样式为投影。设置相应的值,可以把投影的大小值设定的稍大些,以便清晰的看到投影效果,如图 4-56 所示。

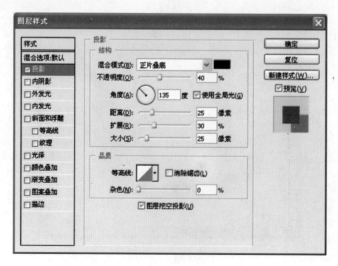

图 4-56 生成投影

(3)选择"图层"|"图层样式"|"创建图层"选项,将投影层与图层分离出来,如图 4-57 所示。

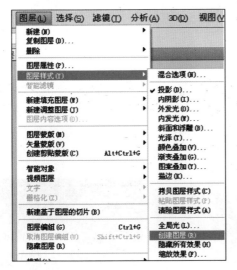
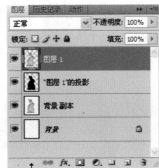

图 4-57　投影分离

（4）删除"图层 1"图层，将"背景副本"图层移动至最上方，用魔术橡皮擦除白色背景，如图 4-58 所示。

图 4-58　擦除原图层背景

（5）对新分离出来的投影图层执行"编辑"|"变换"|"扭曲"命令，拖动投影图层至合适的大小和位置即可，如图 4-59 所示。

（6）应用变换。一个真实的投影效果便这样简单的生成了，效果如图 4-54 所示。

图 4-59　扭曲投影

第5章 文字图层

文字工具是 Photoshop 中常用的工具之一。利用文字工具可以在图像中加入文字,并可以在字符面板中对文字的字体、大小、颜色及字体间距等进行调整。在 Photoshop 中利用文字工具输入文字的方法与其他程序中输入文字的方法基本一致,但在 Photoshop 中可以为输入的文字添加多姿多彩的特效,使文字更加生动有趣。

5.1　案例导学

案例 5.1　楼盘宣传单

案例分析:

在电影海报、宣传单等广告作品中随时能够看到文字,本例将介绍如何使用横排文字工具、图层样式(如描边)、矩形工具、移动工具、不透明度等工具或命令来设计楼盘宣传单。

案例效果:

案例效果如图 5-1 所示。

图 5-1　楼盘宣传单效果

操作步骤:

(1) 按 Ctrl+O 键打开素材建筑物和标志两个图像文件。

(2) 在工具箱中选择移动工具,将标志文件移动到建筑物文件中并将标志图像移动到画面右上角的适当位置,如图 5-2 所示。

(3) 在工具箱中单击横排文字工具按钮 T,并在选项栏中设定字体为宋体,字体大小为 24 点,消除锯齿的方法为"锐利",字体颜色设置为黑色(R:0,G:0,B:0),如图 5-3 所示。

在画面中的适当位置单击并输入"这里是您最佳的选择"文字,再单击✅(提交所有当前编辑)按钮确认文字输入,结果如图 5-4 所示。

图 5-2　添加标志

图 5-3　文字工具选项栏

图 5-4　输入文字

（4）在"图层"面板中双击当前文字图层,弹出"图层样式"对话框,并在其左边栏中单击"描边"选项,然后在右边的"描边"栏中进行参数设置,具体参数如图 5-5 所示,得到如图 5-6 所示效果。

（5）设定前景色为 R：169,G：51,B：210,在"图层"面板中新建"图层 1"图层,在工具箱中单击矩形工具按钮▢,并在选项栏中单击"填充像素"按钮,然后在画面的右下角绘制出一个适当大小的矩形,并设定"图层 1"图层的"不透明度"为 50%,得到如图 5-7 所示的效果。

（6）选择横排文字工具,并在选项栏中设定字体为黑体,字体大小为 13 点,消除锯齿的方法为"锐利",字体颜色设置为黑色（R：0,G：0,B：0）,然后在画面右下角输入"预售热线：

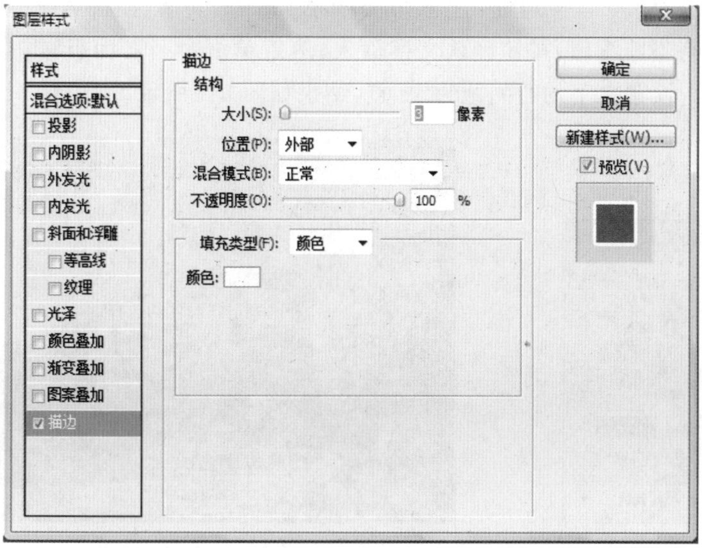

图层样式

样式

混合选项:默认
□ 投影
□ 内阴影
□ 外发光
□ 内发光
□ 斜面和浮雕
  □ 等高线
  □ 纹理
□ 光泽
□ 颜色叠加
□ 渐变叠加
□ 图案叠加
☑ 描边

描边
结构
　　大小(S): ◯ ——————— 3 像素
　　位置(P): 外部 ▾
　　混合模式(B): 正常 ▾
　　不透明度(O): ———————◯ 100 %

　　填充类型(F): 颜色 ▾
颜色: □

确定
取消
新建样式(W)...
☑ 预览(V)

图 5-5　"图层样式"对话框

图 5-6　添加文字效果

图 5-7　右下角绘制半透明的矩形

021-99887766 66778899 售楼地址：上海市天城区 123 号"文字（换行通过按 Enter 键），然后单击 ✓（提交所有当前编辑）按钮确认文字输入，然后单击"字符"面板按钮 Ⓐ 打开如图 5-8 所示"字符"面板，设置文字的行间距为 18 点，结果如图 5-9 所示。

图 5-8　"字符"面板

图 5-9　右下角添加文字

（7）在"图层"面板中双击当前文字图层，弹出"图层样式"对话框，并在其左边栏中单击"描边"选项，然后在右边的"描边"栏中将大小设置为 2 像素，其他保持默认，得到如图 5-1 所示最终效果。图层"面板"如图 5-10 所示。

（8）将最后完成的效果图以"楼盘宣传单.psd"为文件名保存在指定的文件夹中。

案例 5.2　蝴蝶飞过

案例分析：

文字经常和路径工具结合，创建各种路径文字。本例子将介绍如何使用横排文字工具、钢笔工具、路径选择工具、直接选择工具、自定形状工具、自由变换命令等工具和命令来设计文字沿路径排列的效果图蝴蝶飞过。

案例效果：

案例效果如图 5-11 所示。

图 5-10　图层"面板"

图 5-11　蝴蝶飞过效果

操作步骤：

（1）按 Ctrl＋O 键打开素材风景图像文件。

（2）选择钢笔工具，并在选项栏上单击"路径"按钮 ，在图像中绘制如图 5-12 所示曲线。

图 5-12　用钢笔工具绘制路径

（3）用直接选择工具、添加锚点工具以及路径选择工具对路径进行修改，最终路径如图 5-13 所示。

图 5-13　路径

（4）选项横排文字工具，在选项栏中设定字体为"宋体"，字体大小为 24 点，消除锯齿的方法为"锐利"，字体颜色设置为白色，并将鼠标放在路径的起点处，当鼠标变成 的形状时在路径上单击，然后输入文字"Butterfly of autumn day Butterfly of autumn day Butterfly of"并单击 按钮确认文字输入，结果如图 5-14 所示。

（5）新建"图层 1"图层，然后选择自定形状工具，在选项栏中选择蝴蝶图案，将前景色设置为白色并单击"填充像素"按钮，在图像中绘制一个蝴蝶形状，如图 5-15 所示。

（6）按 Ctrl＋T 键，对蝴蝶进行变换，结果如图 5-16 所示。

（7）选择横排文字工具，输入文字"Butterfly"，打开"字符"面板，设置合适的字体和大

图 5-14　在路径上添加文字

图 5-15　添加蝴蝶形状

图 5-16　对蝴蝶进行变换

小,如图 5-17 所示,得到最终效果,如图 5-11 所示。图层面板如图 5-18 所示。

(8)将最后完成的效果图以"蝴蝶飞过.psd"为文件名保存在指定的文件夹中。

图 5-17 "字符"面板

图 5-18 "图层"面板

案例 5.3 文字变形效果

案例分析:

在 Photoshop 中应用文字变形功能可以按照对称或非对称的形式对文字加以变形、扭曲。本范例中将应用简单的功能完成一个与文字变形相关的独特风格作品。

案例效果:

实例效果如图 5-19 所示。

图 5-19 文字变形效果

操作步骤:

(1) 按 Ctrl+O 键打开素材人物和背景两个图像文件。

(2) 单击背景文件图像窗口,使其成为当前编辑窗口,在工具箱中选择移动工具,按住 Shift 键将背景文件移动到人物文件中,这时背景图片居中放置在人物图片上,"图层"面板如图 5-20 所示。

(3) 在"图层"面板拖动"图层 0"到"图层 1"图层的上方,使人物图像处于背景图层上面,效果如图 5-21 所示。

(4) 右击横排文字工具,从展开的工具列表中选择直排文字工具 ▪ |T 直排文字工具　　T ,在选项栏中设置字体为 Arial,样式为 Regular,大小为 36 点,颜色为 R:146,G:71,B:71,行间距为 50 点,"字符"面板如图 5-22 所示。在图像右上角单击,此时会出现输入文字的插入

点。输入文字 Hip-hop，再框选这些文字，如图 5-23 所示。

图 5-20　"图层"面板

图 5-21　使人物处于背景上方

图 5-22　"字符"面板

图 5-23　右上角输入"Hip-hop"

（5）执行"编辑"|"拷贝"命令或按 Ctrl＋C 键，复制该文字，取消选取后，按空格键加入一个空格，执行"编辑"|"粘贴"命令或按 Ctrl＋V 键。将文字反复粘贴，完成一个纵列后，将该列上的所有文字框选，如图 5-24 所示。

图 5-24　将文字排成一纵列

（6）执行"编辑"|"拷贝"命令或按 Ctrl＋C 键，复制该文字，取消选取后，按 Enter 键后换行，执行"编辑"|"粘贴"命令或按 Ctrl＋V 键，将文字粘贴形成新的一列，将该列上的所有文字框选，如图 5-25 所示。

图 5-25　粘贴复制纵列的文字

（7）反复执行步骤（6）的操作后，单击移动工具向右移动文字，使文字铺满整个画面，如图 5-26 所示。

（8）选择文字工具，在选项栏中单击创建文字变形按钮![]，在弹出的"变形文字"对话框中选择合适的样式，如图 5-27 所示，设置为"贝壳"样式，并将"弯曲"选项设置为＋80％，得到如图 5-28 所示结果。

图 5-26　文字铺满画面

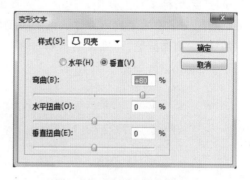

图 5-27　"变形文字"对话框

（9）在"图层"面板中将文字图层向下拖动到"图层 1"图层的上方，使变形后的文字被加入到图像背景上，整个文字作品完成，效果如图 5-19 所示。"图层"面板如图 5-29 所示。

（10）将最后完成的效果图以"文字变形效果.psd"为文件名保存在指定的文件夹中。

图 5-28　文字的"贝壳"效果　　　　　　　　图 5-29　"图层"面板

5.2　相　关　知　识

　　Photoshop 中的文字是由以数学方式定义的形状组成,这些形状描述的是某种字体的字母、数字和符号。当用户将文字添加到图像时,字符由像素组成,并且与图像文件有相同的分辨率,因此将字符放大时,用户会看到锯齿状边缘。但是在 Photoshop 和 ImageReady 程序中可保留基于矢量的文字轮廓,并且在缩放文字或调整文字大小,存储 PDF 或 EPS 文件或将图像打印到 PostScript 打印机时仍然保留清晰的边缘。

5.2.1　输入文字

　　输入文字的工具有横排文字工具、直排文字工具、横排文字蒙版工具和直排文字蒙版工具 4 种,后两种工具主要用来建立文字形选区,如图 5-30 所示。

　　利用文字输入工具可以输入两种类型的文字:点文本和段落文本。点文本用于较少文字的场合,例如标题、产品及书籍的名称等,输入时,选择文字工具,在画布中单击输入即可,它不会自动换行,如图 5-31 所示。

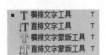

图 5-30　文字工具　　　　　　　　　　图 5-31　点文本示例

　　段落文本主要用于报纸杂志、产品说明及企业宣传册等,输入时,选择文字工具在画布中单击并拖动鼠标,生成文本框,然后在其中输入文字即可,它会自动换行形成一段文字,如

图 5-32 所示。

注意：当用横排或直排文字工具创建文字时，在"图层"面板中会添加一个新的文字图层，而且当确认文字输入后，新的图层名称和输入的文字名称一样，如图 5-33 所示。

图 5-32　点文本示例

图 5-33　"图层"面板

5.2.2　文本工具的选项栏

在文字工具箱中选择任何一个文字工具，其选项栏如图 5-34 所示。

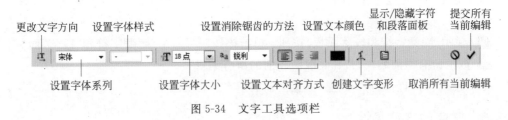

图 5-34　文字工具选项栏

（更改文字方向）按钮：单击此按钮，可以将横排文字改为直排文字，或将直排文字改为横排文字。

（设置字体系列）选项：单击该选项会弹出下拉列表，可以在其中选择所需字体。

（设置字体样式）选项：在"设置字体系列"列表中选择一些英文字体后该选项成为活动可用状态，单击下拉按钮，可以选择所需字体样式。

（设置字体大小）选项：单击该选项会弹出下拉列表，可以在其中选择所需的字体大小或者直接输入所需字体大小值。

（设置消除锯齿的方法）选项：消除锯齿使用户可以通过部分填充像素来产生边缘平滑的文字，这样文字边缘就会融合到背景中。单击下拉按钮，弹出如图 5-35 所示的列表，可在其中选择所需的消除锯齿的方法。

（1）无：在文字的轮廓线中不应用消除锯齿功能，以文字原来的样式表现。

（2）锐利：使文字的轮廓线比无更柔和，但比犀利粗糙。

（3）犀利：使文字的轮廓线柔和，通过调整缓和颜色的像素值，可以更加细腻地表现文字。

图 5-35　消除锯齿的方法

（4）浑厚：加深消除锯齿功能的应用效果，使图像更加柔和，通过增加混合颜色的像素值，使文字稍稍变大。

（5）平滑：在文字的轮廓中加入自然柔和的效果，这是 Photoshop 的消除锯齿功能的默认值。

如图 5-36 所示为各种消除锯齿方法的效果对比图。

(a)原图　　　　　　(b)无　　(c)锐利　　(d)犀利　　(e)浑厚　　(f)平滑

图 5-36　消除锯齿效果比较

（设置文本对齐方式）选项：包括左对齐按钮、居中对齐按钮和右对齐按钮。

（设置文本颜色）按钮：单击该按钮可以弹出拾色器，从中可以设定所需文本颜色，文本的颜色会随着工具箱中前景色的改变而改变。

（创建文字变形）按钮：单击该按钮会弹出"变形文字"对话框，可根据需要选择所需的样式。

（显示/隐藏字符和段落面板）按钮：单击该按钮可显示/隐藏字符和"段落"面板。

（取消所有当前编辑）按钮：取消当前的所有编辑。

（提交所有当前编辑）按钮：提交当前的所有编辑。

5.2.3　文字的字符属性

单击"字符"和"段落"面板组中的字符按钮，或者执行"窗口"|"字符"命令，即可打开"字符"面板，如图 5-37 所示。

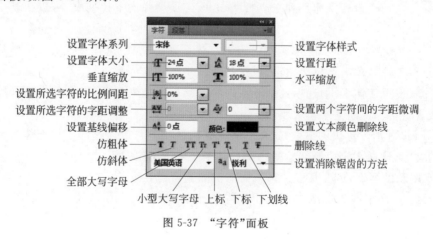

图 5-37　"字符"面板

（设置行距）选项：在其下拉列表中可以选择所需的行距，也可以直接在文本框中输入所需数值。图 5-38 和图 5-39 所示为设置行距为 24 和 48 的效果对比图。

图 5-38　行距为 24 的效果　　　　　　　图 5-39　行距为 48 的效果

（垂直缩放）和（水平缩放）选项：在其文本框中输入 0％～1000％的数值，可指定文字高度和宽度之间的比例。

（设置所选字符的比例间距）选项：在其下拉列表中可以选择所选字符的比例间距。

（设置所选字符的字距调整）和（设置两个字符间的字距微调）选项：字距调整就是放宽或收紧选定文本或整个文本块中字符之间的间距。默认值为 0，增加数值会放宽所选字符间距，减少数值会收紧所选字符间距。字距微调就是增加或减少特定字符之间的间距，只有把光标放在两个字符之间时该选项才可调节，默认值为 0，增加数值会增加两个字符间距，减少数值会减少两个字符间距。

（设置基线偏移）选项：在文本框中可以输入－1296～1296 的数值，以设置文本偏移基线的距离，默认值为 0，增加数值文本将向基线上方偏移，反之将向基线下方偏移。

（仿粗体）按钮：将所选的文字加粗，再次单击则还原。

（仿斜体）按钮：将所选的文字倾斜，再次单击则还原。

（全部大写字母）按钮：将所选字母全部大写，再次单击则还原。

（小型大写字母）按钮：将所选字母变成小型大写字母，再次单击则还原。

（上标）按钮：将所选文字向上偏移一定距离，再次单击则还原。

（下标）按钮：将所选文字向下偏移一定距离，再次单击则还原。

（下划线）按钮：为文字添加下划线，再次单击则还原。

（删除线）按钮：为文字添加删除线，再次单击则还原。

5.2.4　文字的段落属性

段落是末尾带有回车符的任意范围的文字，使用"段落"面板可以设置适用于整个段落的选项，如对齐、缩进和文字行间距。对于点文字，每行即是一个单独的段落，对于段落文字，一段可能有多行，具体视定界框的尺寸而定。单击"字符"和"段落"面板组中的段落按钮，或者执行"窗口"|"段落"命令即可打开"段落"面板，如图 5-40 所示。

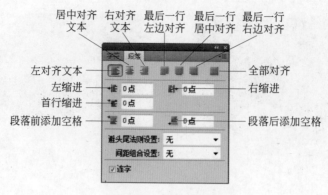

图 5-40　"段落"面板

（左对齐文本）按钮：使所选段落文本左对齐。

（居中对齐文本）按钮：使所选段落文本居中对齐。

（右对齐文本）按钮：使所选段落文本右对齐。

（最后一行左对齐文本）按钮：使所选段落文本最后一行左对齐。

（最后一行居中对齐文本）按钮：使所选段落文本最后一行居中对齐。

（最后一行右对齐文本）按钮：单击该按钮可使所选段落文本最后一行右对齐。

（全部对齐）按钮：使所选段落文本全部对齐。

（左缩进）选项：在文本框中可以输入-1296～1296的数值，以设置所选段落左缩进的距离，默认值为0。

（右缩进）选项：在文本框中可以输入-1296～1296的数值，以设置所选段落右缩进的距离，默认值为0。

（首行缩进）选项：在文本框中可以输入-1296～1296的数值，以设置所选段落首行缩进的距离，默认值为0。

（段落前添加空格）选项：在一段文本首个字前输入-1296～1296的数值，以设置该段落前空格的数量，默认值为0。

（段落后添加空格）选项：在一段文本最后一个字前输入-1296～1296的数值，以设置该段落后空格的数量，默认值为0。

5.2.5　文字的变形

　　为了增强文字的效果，可以创建变形文字。使用文字工具在画布中输入文字，然后在选项栏中单击创建文字变形按钮 ，打开"变形文字"对话框，如图5-41所示。

　　"样式"下拉列表框用于选择变形的风格。单击右侧的下三角按钮 ，可弹出样式风格菜单，用于选择变形的样式，如图5-42所示。

　　当选择其中一种变形样式后，将出现该样式的调节选项，如图5-43所示。

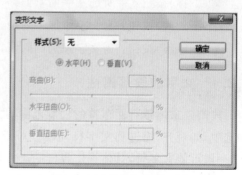

图 5-41　"变形文字"对话框

图 5-42　"样式"下拉列表　　　　　　　图 5-43　样式的调节选项

　　"变形文字"对话框中的"水平"单选项和"垂直"单选项：用于选择弯曲的方向。

　　"弯曲"设置项、"水平扭曲"设置项和"垂直扭曲"设置项：用于控制弯曲的程度，输入适当的数值或者拖动滑块均可。如图 5-44 和图 5-45 所示为使用（扇形）样式变形前后的文字效果。

图 5-44　原图

图 5-45　变形后的效果

5.2.6　路径文字

　　在 Photoshop 中可以输入沿着用钢笔工具或形状工具创建的工作路径的边缘排列的文字。路径文字可以分为绕路径文字和区域文字两种，绕路径文字是让文字沿路径放置，可以通过对路径的修改来调整文字组成的图形效果。

　　在路径上输入文字的方法是选择钢笔工具 或自由钢笔工具 ，在路径工具选项栏中选择路径按钮 ，然后在图像中绘制希望文本遵循的路径，如图 5-46 所示。

　　然后选择文字工具，将光标移至路径上的起点处，当光标变为 时在路径上单击，然后输入文字即可，输入后"路径"面板里会增加一个文字路径，如图 5-47 和图 5-48 所示。

　　在选中该文字路径的前提下，用直接选择工

图 5-46　绘制路径

具对路径进行修改，文字会随着路径的变化而变化，变化后的效果如图 5-49 所示。

图 5-47　在路径上增加文库

图 5-48　"路径"面板

当输入的文字超出路径时，路径末端会出现🔽图标，如果想让文字全部显示，就要用直接选择工具对路径文字进行修改，将路径变长，直到全部显示。如果要调整文字在路径上的位置，可选择直接选择工具，将鼠标放到路径文字上，当光标变为▶或者◀形状时沿路径向右或向左拖动即可。如图 5-50 和图 5-51 所示分别为向右和向左拖动的效果图。

图 5-49　修改路径

图 5-50　向右调整文字在路径上的位置

如果想把文字放在路径的另一侧，可选择直接选择工具，当光标变为▶或者◀形状时拖动文字到另一侧即可，如图 5-52 所示。

图 5-51　向左调整文字在路径上的位置

图 5-52　文字在路径另一侧

5.2.7 文字栅格化处理

文字图层是一种特殊的图层,要想对文字进行进一步的处理,可以对文字进行栅格化处理,即先将文字转换成一般的图像再进行处理。

对文字进行栅格化处理的方法如下。

使用移动工具选择文字图层,然后执行"图层"|"栅格化"|"文字"命令,或者在文字图层蓝色区域右击,从弹出的快捷菜单中选择"栅格化文字"命令即可。栅格化处理前后的文字图层效果对比如图 5-53 和图 5-54 所示。

图 5-53　栅格化前的文字图层

图 5-54　栅格化后的文字图层

5.2.8 文字图层

创建文字图层后,可以编辑文字并对其应用图层命令,可以更改文字取向、应用消除锯齿、在点文字与段落文字之间转换,基于文本创建工作路径或将文字转换为形状,可以像处理正常图层那样移动、重新叠放、复制和更改文字图层的图层选项,还可以对文字图层使用图层样式。具体方法如下。

在文档或图像中输入文字后在文字图层上右击打开"图层样式"对话框进行混合选项设置,如图 5-55 所示。

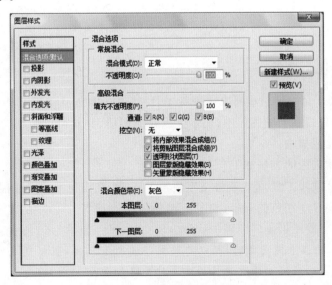

图 5-55　"图层样式"对话框

在"图层样式"对话框中可以为文字图层添加各种图层样式,如图 5-56 和图 5-57 所示是为文字图层添加外发光样式前后的效果对比图,图层设置如图 5-58 所示。

图 5-56　原图

图 5-57　外发光效果

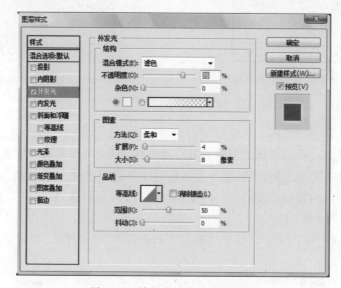
图 5-58　外发光效果的设置参数

5.2.9　文字转化为选区

Photoshop CS4 可以通过横排文字蒙版工具 和直排文字蒙版工具 创建文字形状的选区,文字选区出现在当前图层中,而不生成新的图层,并且可以像任何其他的选区一样被移动、复制、填充或描边。

创建文字形状选区的方法如下。

选择横排文字蒙版工具 或直排文字蒙版工具 ,在图层上单击或拖动,输入文字时,当前图层上会出现一个红色的蒙版,如图 5-59 所示。

文字提交后,当前图层上的图像中就会出现文字选区,如图 5-60 所示。

注意:在输入状态未提交之前,可以更改文字的所有属性,但提交成为选区后,就不再具有文字的任何属性,只能用修改选区的方法对其进行修改。

图 5-59 添加蒙版

图 5-60 文字选区

5.3 上机练习

5.3.1 体育中心介绍

案例效果：

本练习使用横排文字工具与图层样式等工具或命令来制作体育中心介绍。

案例效果：

案例效果图如图 5-61 所示。

图 5-61 体育中心效果图

操作步骤：

（1）打开体育中心素材图片。

（2）选择横排文字工具，在选项栏中设定合适的字体和大小、颜色，输入以下段落文字：

体育中心——市体育中心位于湖天开发区中心地段，北临天星路径，东靠锦溪路，南接瑞丰路，西连香洲路，规划用地面积 700 亩，建筑密度 18％，容积 0.8，绿地率 40％。规划引入"在运动中享受健康生活"的设计理念，塑造现代化的城市标志性建筑。

该项目于 2005 年 8 月由市规划局组织评审批准实施，由市体育局筹建。

（3）设置段落文字行距。

（4）为文字图层添加投影效果。

5.3.2 彩色描边文字

案例效果：本练习使用横排文字蒙版工具与渐变工具以及图层样式来制作渐变文字。
案例效果如图 5-62 所示。

操作步骤：

（1）新建宽度为 20 厘米高度为 11 厘米，颜色模式为 RGB，背景为黑色的文档。

（2）选择横排文字蒙版工具，在选项栏中设定合适的字体和大小，在文档中输入"彩色描边"4 个字。

（3）选择渐变工具，选择色谱渐变类型和线性渐变样式，在图像中进行渐变填充。

图 5-62　彩色描边文字

（4）为渐变文字图层添加描边图层样式，得到最终效果。

5.3.3 海鸥飞翔

案例分析：本练习使用横排文字工具、钢笔工具、变形文字（鱼形），或执行"编辑"|"自由变换"命令来制作海鸥飞翔。

案例效果：

案例效果如图 5-63 所示。

操作步骤：

（1）打开蓝天素材图片。

（2）用钢笔工具和直接选择工具在图片中勾勒如图 5-64 所示路径。

图 5-63　海鸥飞翔

图 5-64　勾勒路径

（3）选择横排文字工具，在选项栏中设定合适的字体和大小、颜色，在路径上输入多个字母 a。

（4）将路径文字变形为鱼形样式，通过设置制作出弯曲效果。

（5）对鱼形文字执行"编辑"|"自由变换"命令进行缩放和旋转。

（6）将变换好的文字图层复制为一个新的图层，并对其执行"编辑"|"变换"|"垂直翻转和编辑"|"变换"|"旋转"命令，最后用移动工具将其移动到相对的合适位置。

（7）多次执行以上步骤，直至做出最终效果。

5.3.4 图案字

案例分析：本练习使用横排文字蒙版工具以及执行"选择"|"反向"命令来制作图案字。案例效果如图 5-65 所示。

图 5-65　图案字

操作步骤：

（1）打开图案素材图片。

（2）将"背景"图层复制一份并将原背景图层填充为白色。

（3）选择横排文字蒙版工具，在选项栏中设定字体为黑体，字体大小为 160 点，在画面中输入"图案"并确认。

（4）将"背景副本"作为当前操作图层，执行"选择"|"反向"命令，按 Delete 键将选区内图像删除。

（5）取消选区，得到最终效果。

第 6 章　蒙版和通道

6.1　案 例 导 学

学习本章各个知识点之前,通过 3 个案例对通道和蒙版操作有初步的认识,了解蒙版制作选区的简单步骤,熟悉通道和蒙版以及选区之间的关系,从而与讲解理论知识时相互印证。

案例 6.1　快速蒙版编辑选区

使用快速蒙版制作选区,同时利用选区的存储及载入技术完成复杂选区的编辑。

案例效果:

案例效果如图 6-1 所示。

操作步骤:

(1) 执行"文件"|"新建"命令,在弹出的"新建"对话框中设定图像宽度为 16 厘米,高度为 12 厘米,分辨率为 72 像素/英寸,模式为 RGB 颜色,背景内容为白色,如图 6-2 所示,单击"确定"按钮返回。

图 6-1　结果图

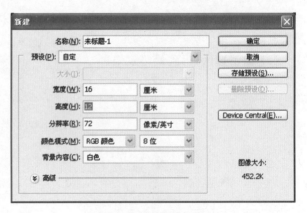

图 6-2　新建对话框

(2) 设置前景色为红色,背景色为黑色。按 Ctrl＋Delete 键整幅图像填充为黑色,使用矩形选框工具在图像编辑窗口上半部分画出一个矩形选框。选择油漆桶工具,单击选区范围,使选区填充为红色,也可以按 Alt＋Delete 键填充选区为前景色,如图 6-3 所示,按 Ctrl＋D 键取消选择。

(3) 选择横排文字蒙版工具,在选项栏中选择字体为"黑体",设置字体大小为 150 点,在图像编辑窗口中输入文字"红与黑",并调整好位置

图 6-3　填充区域

使文字中间正好处于黑红颜色的分界处,如图 6-4 所示。

(4) 执行"选择"|"存储选区"命令,在弹出的"存储选区"对话框中命名该选区为"全部",其他设置采用默认值,单击"确定"按钮,保存选区。此时如果观察"通道"面板,会发现产生一个新的 Alpha 通道,和保存的选区一致,如图 6-5 所示。

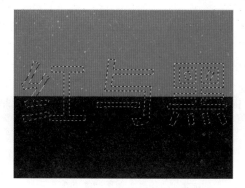

图 6-4 制作文字选区

图 6-5 存储选区

(5) 单击"以快速蒙版模式编辑"按钮,进入快速蒙版编辑状态,用矩形选框工具选取图像窗口中无字的红色部分作为选区,按 Ctrl+Delete 键使该部分填充成背景色黑色。按 Ctrl+D 键取消选区,单击工具箱中的"以标准模式编辑"按钮,回到选区状态,执行结果如图 6-6 所示。

(6) 执行"选择"|"存储选区"命令,在弹出的"存储选区"对话框中命名该选区为"下部",其他设置采用默认值,单击"确定"按钮,保存选区。此时由于存储了两个选区,所以"通道"面板对应了两个用来存储选区的 Alpha 通道,如图 6-7 所示。

(7) 按 Alt+Delete 键,将下半部分选区填充成红色,按 Ctrl+D 键取消选区。

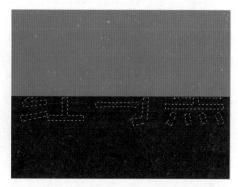

图 6-6 使用快速蒙版编辑选区

(8) 执行"选择"|"载入选区"命令,在弹出的"载入选区"对话框中,选取通道为"全部",单击"确定"按钮,将整个文字部分载入选区。再次执行该命令,对话框中选取通道为"下部",注意操作要选择"从选区中减去"单选按钮,目的是得到文字上半部分的选区,如图 6-8 所示。

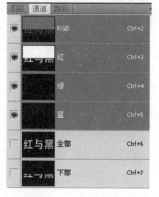

图 6-7 对应存储选区的通道

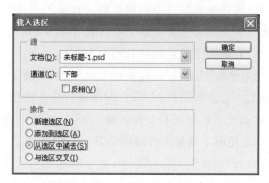

图 6-8 选区运算

（9）按 Ctrl＋Delete 键，将上半部分选区填充成黑色，按 Ctrl＋D 键取消选区，如图 6-1
所示。

案例 6.2　蒙版合成图片

使用图层蒙版及剪贴蒙版完成图片合成。

案例效果：

案例效果如图 6-9 所示。

操作步骤：

（1）打开素材图片将蓝天大海图像之外的图像使用移动工具移动到该文件中，并按照
如图 6-10 所示的图层顺序放置。

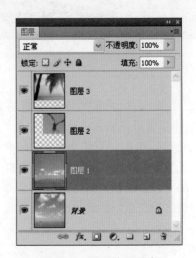

图 6-9　合成效果图　　　　　　　　　　　　　图 6-10　图层放置顺序

（2）单击"图层 2"和"图层 3"图层前的眼睛图标，将这两个图层隐藏，单击"图层 1"图层
选中该图层，执行"图层"|"图层蒙版"|"显示全部"命令（或单击"图层"面板下方"添加图层
蒙版"工具按钮），为"图层 1"图层添加一个图层蒙版，如图 6-11 所示。

（3）单击"图层 1"图层右侧刚添加的图层蒙版以确认选择了该蒙版，此时观察前景色/
背景色变为白色/黑色（蒙版对应 8 位的灰度图像，视觉效果只有黑白），选择工具箱中的渐
变工具，确认渐变模式为从前景色到背景色的线性渐变，在图像编辑窗口中从上向下垂直拖
动，此时蒙版变化为从上到下的白到黑渐变，对应的"图层 1"图层则只显示蒙版中白色对应
的区域，完成天空的合成，如图 6-12 所示。

（4）单击"图层 2"图层左边的眼睛图标，显示并选中该图层，执行"编辑"|"自由变换"命
令，拖动图像边缘的控制点，对图像进行缩小变换，达到符合要求的大小后按 Enter 键确认，
使用移动工具移动到右上角区域。

（5）使用工具箱中的魔棒工具，单击"图层 2"图层中海鸟旁边的区域，选中海鸟之外的
部分，执行"选择"|"反向"命令，选中海鸟作为选区，执行"图层"|"图层蒙版"|"显示选区"命
令（也可以在有选区的情况下，直接单击"图层"面板下的"添加图层蒙版"工具按钮），显示出

图 6-11　图层 1 添加蒙版

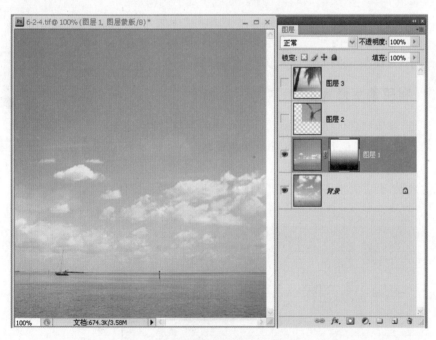

图 6-12　蒙版渐变控制对应图层显示

单独的海鸟,如图 6-13 所示。

　　(6) 选中"图层 2"图层,单击工具箱中的横排文字工具,在图像左上部分单击,此时"图层2"和"图层 3"图层中间出现文字"图层 4"图层,在文字选项栏中单击"切换字符和段落"按钮显示"文字"面板,设定字体为"新宋体",大小和行间距为 48 点,消除锯齿的方式选择"浑厚",如

图 6-13　显示单独海鸟效果图

图 6-14 所示。在图像编辑区域出现的闪动光标处输入文字"展翅飞翔",如图 6-15 所示。

　　(7) 单击"图层 3"图层前的眼睛图标,显示并选中该图层,执行"图层"|"创建剪贴蒙版"命令,则"图层 3"图层和"图层 4"图层建立剪贴蒙版关系,文字内部的颜色会以"图层 3"图层中对应位置的颜色显示,最终效果图如图 6-9,图层关系如图 6-16 所示。

案例 6.3　利用蒙版通道抠像

　　利用通道、蒙版和选区之间的关系进行人物的抠取,特别注意头发细节的处理。本案例素材虽然背景颜色比较统一,但如果用魔棒工具选择背景直接进行人物抠取,在处理头发细节时并不能得到理想的效果,会丢失很多的头发细节,使用通道实现效果更佳。

图 6-14　"字符"面板

图 6-15　文字效果图

案例效果：

案例效果如图 6-17 所示。

操作步骤：

（1）打开人物素材图片单击工具箱中钢笔工具，工具选项设置如图 6-18 所示，将图片中人物的主体轮廓勾出来，头发部分后面专门处理。

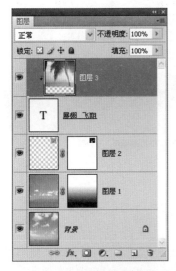

图 6-16　结果图图层分布　　　图 6-17　合成效果图　　　图 6-18　钢笔属性及路径轮廓

（2）观察"路径"面板，此时多了一个人物主体轮廓的工作路径，单击"将路径作为选区载入"按钮，将封闭的路径转化为选区，如图 6-19 所示。

图 6-19　路径转化为选区

（3）切换到"图层"面板，右击"背景"图层选中该层，从弹出的快捷菜单中选择"复制图层"命令，新建一个"背景副本"。单击"背景副本"图层，单击"添加图层蒙版"按钮添加图层蒙版，如图 6-20 所示。

（4）双击"背景"层，弹出的对话框中单击"确定"按钮，将背景层解锁。打开"通道"面板，观察各通道，发现"绿"通道头发细节保留比较完整，拖动"绿"通道到面板下方的"新建"按钮，将"绿"通道复制，如图 6-21 所示。

图 6-20　复制图层并添加蒙版

图 6-21　复制"绿"通道

（5）执行"图像"|"调整"|"色阶"命令，或者按 Ctrl+L 键打开"色阶"对话框，将左侧的黑色滑块向右拉动，右侧的白色滑块向左拉动，操作目的是减小中间调部分，加大暗调和高光，使头发和背景很好的分开，效果如图 6-22 所示。

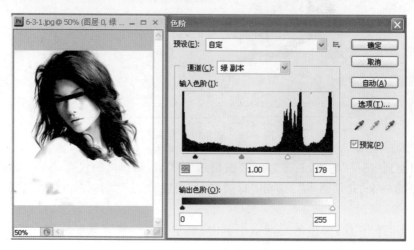

图 6-22　"绿"通道中调整色阶

（6）执行"图像"|"调整"|"反相"命令，或者按 Ctrl＋I 键将"绿 副本"通道反相，选择画笔工具，用黑色画笔将头发以外部分涂黑，然后用白色画笔把头发里需要的地方涂白，如图 6-23 所示。

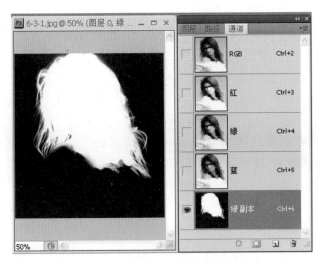

图 6-23　对绿通道头发进行处理

（7）单击"通道"面板上的"将通道作为选区载入"按钮（或者按住 Ctrl 键的同时单击"绿副本"通道）得到"绿 副本"的选区，切换到"图层"面板，单击"图层 0"，单击图层工具"添加图层蒙版"按钮为"图层 0"图层添加蒙版，得到抠取的最终结果，如图 6-24 所示。

图 6-24　图层 0 添加蒙版

（8）执行"图层"|"合并可见图层"命令将所有图层合并，就可以得到抠取出的最终效果，如果需要合成其他背景，可以将最终结果直接使用移动工具拖到其他背景图像上，示例效果如图 6-17 所示。

6.2 蒙版相关知识

通过3个例子的实践学习,可以看到通道和蒙版在处理复杂选区操作时具备其他工具无法比拟的方便性,蒙版可以将图像的某些部分分离开来,保护该部分不被编辑,而通道除了保存颜色信息外,还可以得到相对复杂的选区。下面就针对示例中用到的知识点进行逐个的分析讲解。

6.2.1 快速蒙版

快速蒙版主要用来创建、编辑和修改选区范围。单击工具箱中的"以标准模式编辑"按钮和"以快速蒙版模式编辑"按钮即可在选区与蒙版之间切换。配合画笔工具,可以方便的对选区大小和形状进行修改,从而达到精确控制选区的效果。

1. 创建快速蒙版

单击"以快速蒙版模式编辑"按钮进入快速蒙版状态后,默认情况下整幅图像没有任何变化。选择画笔工具,设置当前前景颜色为黑色,就可以在图像上进行涂抹,凡是被涂抹过的区域会覆盖上一层半透明的颜色(默认为红色),如图6-25所示。退出快速蒙版后红色区域之外的部分就成为得到的选区,如图6-26所示。

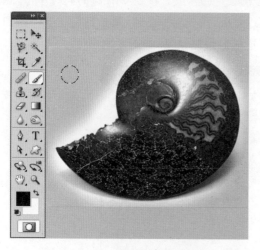

图6-25 蒙版状态黑色画笔涂抹

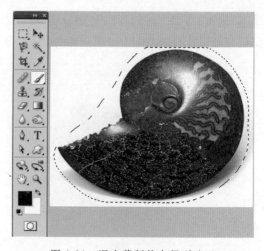

图6-26 退出蒙版状态得到选区

如果在进入快速蒙版编辑状态之前先使用选择工具得到一个选区,然后进入快速蒙版状态,就可以看到选区内的部分显示为原图像,选区外的部分仍然以半透明颜色显示,此时使用画笔工具进行编辑修改,当退出快速蒙版状态时,就会得到符合要求的选区,如图6-27和图6-28所示。

当处于快速蒙版编辑状态时,"通道"面板会出现一个对应的临时 Alpha 通道,该通道用于存储用户对快速蒙版的编辑操作,该通道只有黑白显示,白色代表选区部分,黑色代表未被选择的部分。当退出快速蒙版编辑状态后,Alpha 通道自动转换为选区,临时的 Alpha 通道也会消失(判断是否是临时的通道秩序查看通道的名字,如果为斜体显示,为临时通

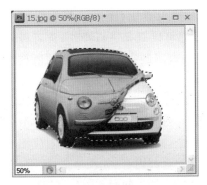

图 6-27　创建汽车选区

图 6-28　通过选区进入蒙版

道,否则为已存储的正式通道),如图 6-29 所示。

2. 编辑快速蒙版

图 6-29　快速蒙版临时通道

在快速蒙版编辑状态下,如果选区不符合要求,可以对其进行修改编辑,主要是利用前景颜色变化为白色和黑色来添加和删除选区。当前景颜色为白色时,在快速蒙版编辑状态下利用画笔涂抹时,涂抹过的位置半透明颜色去除,显示为原图像,意味着该部分被添加到选区内;当前景颜色为黑色时,使用画笔涂抹,则该位置显示为半透明颜色,意味着该部分从选区中去除;当最终退出快速蒙版编辑状态时,显示为原图像的区域就是最后的选区。也可以借助橡皮工具,当使用橡皮工具在图像上涂抹时,效果相当于使用白色画笔的效果。

如果要添加和修改的选区部分比较规范,是规整的几何图形,也可以在快速蒙版编辑状态下先使用选区工具或者路径工具构建选区,然后使用对该区域填充黑色或白色的方法实现对应选区的去除或添加,达到提高作图效率的效果,如图 6-30 和图 6-31 所示。

图 6-30　创建汽车选区

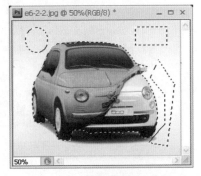

图 6-31　通过选区进入蒙版

6.2.2　图层蒙版

图层蒙版用来控制图层的不透明度,蒙版中的纯黑色区域可以遮罩当前图层中的图像,从而显示出下方图层中的内容;而纯白色区域可以显示当前图层中的图像,该区域可见;灰色区域会根据灰度值的不同显示半透明的效果。由此可以看出,图层蒙版实际上是一张256级色阶的灰度图像,所有绘图工具和其他相关命令都可以对其进行操作,具有极强的可编辑性,正是由于这个特点,图层蒙版也成为图像合成中应用最为广泛的一种蒙版类型。

1. 创建图层蒙版

添加图层蒙版可以通过菜单命令实现,也可以通过"图层"面板上的工具按钮实现,下面通过示例讲解图层蒙版的创建方法。当打开一幅图像后,如果要对某图层添加显示全部内容的蒙版,可以执行"图层"|"图层蒙版"|"显示全部"命令,此时"图层"面板中对应图层图标的右侧会出现一幅纯白色图像图标,意味着显示该图层的全部内容,如图 6-32 所示,也可以直接单击"图层"面板下的"添加图层蒙版"按钮实现该效果;如果执行"图层"|"图层蒙版"|"隐藏全部"命令,图层图标的右侧会出现一幅纯黑色图像图标,意味着隐藏该图层的全部内容,如图 6-33 所示,也可以在按住 Alt 键时单击"添加图层蒙版"按钮实现该效果。

图 6-32　显示对应图层蒙版

图 6-33　隐藏对应图层蒙版

如果要显示或隐藏某个选区中的内容,可以在添加图层蒙版之前使用选区工具或钢笔工具制作好精确的选区,然后执行"图像"|"图层蒙版"|"显示选区"或"隐藏选区"命令。图 6-34 所示为在"图层 0"图层中先做好选区,然后添加显示选区蒙版的效果(有选区时直接单击"添加图层蒙版"按钮也实现该效果)。有的时候,如果上下图层中图像内容的风格比较相近,又希望选区部分显示时出现柔和过渡的效果,可以在添加蒙版前先对选区实现羽化

操作。

2. 编辑图层蒙版

　添加图层蒙版后，既可以在"图层"面板中选择原图层进行修改，也可以选择蒙版进行编辑，控制原图层对应区域的隐藏和显示，处于某一编辑状态时，相应的缩览图上会显示出一个白色的矩形框，如图 6-34 所示。

图 6-34　根据选区添加蒙版

　借助白色画笔和黑色画笔在蒙版上进行涂抹可以控制图层的显示和隐藏，也可以使用橡皮工具完成相同的效果。需要注意的是，在蒙版编辑状态下选择任何颜色作为前景或背景色，都将转变成不同的灰度级别，如图 6-35 所示。此时涂抹蒙版会根据灰度级别显示不同透明度的图层显示效果。

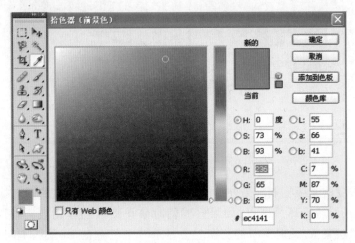

图 6-35　蒙版操作时颜色对应灰度

　在使用图层蒙版时，还有一种比较常用的操作，就是在蒙版上使用渐变效果，实现上下图层的过渡融合，由于渐变中存在不同的灰度级别，所以在渐变过渡的部分不会显得特别的突兀和生硬，效果更佳，实现效果如图 6-36 所示。

3. 图层蒙版应用技巧

　按住 Alt 键单击蒙版缩览图，可以在图像窗口中单独显示蒙版效果，按住 Alt 键再次单

图 6-36　在蒙版中添加渐变效果

击蒙版缩览图，或直接单击图像缩览图，可以恢复为图像的显示效果。

　　拖动某一图层的蒙版缩览图到另外的图层，可以将该蒙版转移到目标图层中，如图 6-37 所示；按住 Shift 键拖动蒙版缩览图到其他图层时，也可以转移图层蒙版，但转移后的蒙版将被反相处理，即原来遮罩的区域变为显示区域，而原来显示的区域变为遮罩区域。

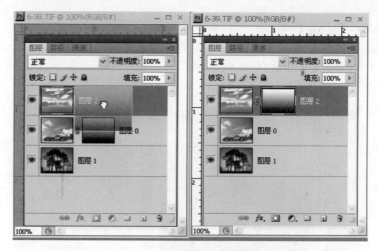

图 6-37　蒙版转移到其他图层

　　要将某一图层的蒙版复制到另外一个图层，可以在按住 Alt 键的同时拖动蒙版缩览图到想要复制的图层，然后释放即可；如果想要临时禁止蒙版的作用效果，可以在按住 Shift 键的同时单击图层蒙版，此时蒙版缩览图上会显示一个红色的 X，蒙版不起作用，再次单击蒙版缩览图则可使蒙版再次生效；如果希望在图像编辑区域看到蒙版的整体效果，可以按住 Alt 键的同时单击蒙版缩览图，再次执行相同的操作可以还原到图像原来的显示效果，示例效果如图 6-38 所示。

　　在"图层"面板中观察可以发现，图层缩览图和蒙版缩览图之间有一个链条的图标，意味着蒙版是作用在该图层上，和该图层有链接关系，此时如果在图像窗口中拖动该图层，会发现图层和蒙版将一起被移动，如图 6-39 所示。如果单击缩览图之间的链条图标，则该图标消失，意味着链接关系消失，此时不管选择图层缩览图还是蒙版缩览图，在图像窗口中进行移动时两者将不再作为一个整体,效果如图 6-40 所示。要还原两者的链接关系,只需要在缩览图中间位置再次单击,链条图标重新出现即可。

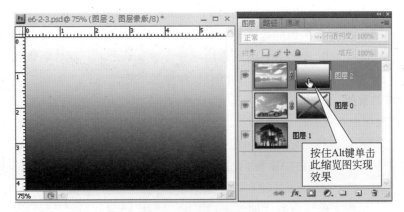

图 6-38　蒙版应用技巧

图 6-39　拖动带蒙版图层观察链接效果

图 6-40　消除图层和蒙版链接关系

　　要删除掉图层蒙版,可以直接拖动"图层"面板中的图层蒙版缩览图到删除按钮上,此时弹出一个确认对话框,如图 6-41 所示。单击"删除"按钮,则直接删除掉蒙版,原图层不受任何影响,如果单击"应用"按钮,则在删除蒙版前将蒙版效果先应用到图层上,图层发生改变,然后删除蒙版。这些操作也可以通过执行"图像"|"图层蒙版"下的相应命令实现。

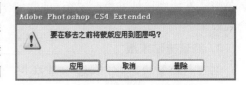

图 6-41　删除蒙版对话框

6.2.3　剪贴蒙版

使用下方图层中的图像的形状来控制其上方图层图像的显示区域叫做剪贴蒙版。下层也称为基底层,该层主要是图像的边缘轮廓起作用,而不是图像内容;上层也称为内容层,创建剪贴蒙版后,下层边缘轮廓内对应的内容层部分会被显示出来。在剪贴蒙版中,除了基本的像素图层外,还可以使用文字图层、填充图层、调整图层等。

1. 创建剪贴蒙版

当"图层"面板中存在两个或者两个以上图层时,可以创建剪贴蒙版。方法是选择一个图层后,执行"图层"|"创建剪贴蒙版"命令,或按 Ctrl＋Alt＋G 键,该图层就会与其下方图层创建剪贴蒙版,也可以按住 Alt 键,在选中的图层和其下方图层之间单击,实现相同的效果。

图 6-42 所示是建立剪贴蒙版后的效果,"图层 3"图层隐藏,"图层 2"和"图层 1"图层建立剪贴蒙版,"图层 1"图层是一个圆形,作为基底层,"图层 2"图层是要显示的图像,作为内容层。观察发现,"图层 2"图层左侧有一个剪贴蒙版图标,且该图层的缩览图是缩进的,而作为基底层的图层 1 名字下方带有下划线,剪贴蒙版的效果是内容层只显示基底层图像轮廓内的图像。

图 6-42　剪贴蒙版效果图

剪贴蒙版可以将基底层应用于多个图层,只要将其他图层拖到蒙版中即可,在图 6-43所示的效果图中,显示"图层 3"图层,然后拖动"图层 3"图层到"图层 1"图层上松手,则"图层 3"图层也会变成内容层,由于该图层中图像是一个半径比较大的圆形效果,则超出基底层圆形之外的图像部分将不显示,基底层圆形之内的图像部分会显示出来,形成较为复杂的合成效果。

2. 编辑剪贴蒙版

创建剪贴蒙版后,可以选中基底层或者内容层,使用移动工具拖动图像进行移动。如果选中基底层,那么随着基底层代表轮廓图形的位置改变,会显示不同区域内容层的图像;如果移动的是内容层,则会在基底层图形轮廓限制的位置上显示不同区域图像,显示效果如图 6-44 所示。如果多个内容层之间拖动调整上下层位置,则显示效果也会发生相应的变化。

图 6-43　剪贴蒙版应用于多个图层

图 6-44　移动图层图像改变显示效果

　　选择基底层,然后执行"图层"|"图层编组"命令,或者按 Ctrl＋G 键,剪贴蒙版中的所有内容图层和基底层会被编为一组,并保持原有的剪贴蒙版关系不变,当图像中图层内容较多时,使用此种方式可以方便清晰地管理剪贴蒙版。

　　创建剪贴蒙版后,还可以对其中的图层进行编辑,例如图层的不透明度与图层混合模式等,这些选项均可以在剪贴蒙版中的所有图层中编辑。调整内容层的不透明度可以控制其他内容图层和基底层的合成效果,而调整基底层的不透明度,则会作用于整个剪贴蒙版,产生整体的透明度变化,图 6-45 所示为基底层不透明度分别为 100％、50％和 30％所产生的不同效果显示。

　　要释放剪贴蒙版,可以先选择内容层,然后执行"图层"|"释放剪贴蒙版"命令,或者按住 Alt 键不松手,将鼠标指针移动到两个图层之间进行单击即可。如果内容层有多个,对某个内容层进行释放,则该层之上的其他内容层也会被释放出来。

图 6-45　基底层不透明度 100％、50％和 30％不透明度显示效果

6.2.4　矢量蒙版

矢量蒙版通过路径形状来控制图像显示的区域，与剪贴蒙版不同的是，它仅能作用于当前图层。可以使用钢笔工具来快速精确的创建和修改路径形状，从而控制影响遮罩区域，同时由于是矢量路径，所以可以对其任意缩放而不必担心产生锯齿，保证平滑的边缘输出。

1. 创建矢量蒙版

矢量蒙版是与分辨率无关的蒙版，它是用钢笔工具或形状工具创建路径，然后以矢量形状控制图像可见区域的。执行"图层"|"矢量蒙版"|"显示全部"命令，此时"图层"面板中对应图层图标的右侧会出现一幅纯白色图像图标，意味着显示该图层的全部内容，也可以按住Ctrl 键的同时单击图层面板下的"添加图层蒙版"按钮实现该效果；如果执行"图层"|"图层蒙版"|"隐藏全部"命令，此时的蒙版呈现灰色，隐藏该图层全部内容。

如果在创建矢量蒙版之前已经选中了一个路径，然后选中路径所在图层，添加矢量蒙版，可以创建带有路径的矢量蒙版，这样可以方便的合成图像，效果如图 6-46 所示。

图 6-46　创建带有路径的矢量蒙版

2. 编辑矢量蒙版

创建矢量蒙版后，可以在蒙版中添加路径和形状来设置蒙版的遮罩区域。选择"自定义形状工具"后，启用工具选项栏中的"新建路径"按钮，可以添加新的路径影响原来的效果，也可以直接使用路径选择工具和钢笔工具对现有的路径进行修改编辑，从而显示出对应图层

中不同区域的内容,图 6-47 是在"图层 1"图层中增加自定义形状路径后的效果。图 6-48 是
直接修改原来路径的效果。

图 6-47　添加路径影响效果图

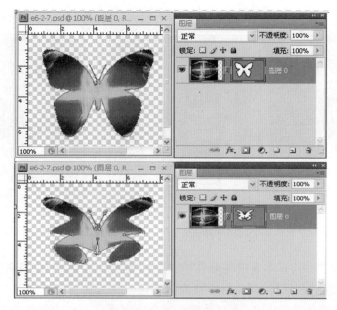

图 6-48　改变路径效果图

　　除了直接通过路径工具对路径进行修改之外,还可以通过执行"编辑"|"变换路径"命令
变换矢量蒙版,例如缩放、旋转和透视等操作。也可以按 Ctrl＋T 键,显示出蒙版的变换定
界框,然后对其进行各种变换,此操作和自由变换命令的操作方法完全相同。如果要暂时停
用蒙版效果,可以像图层蒙版的操作一样,按住 Shift 键的同时单击矢量蒙版缩览图,此时
蒙版缩览图上出现红色的 X,图像不受蒙版控制,再次执行同样操作可重新启用蒙版。如果
要删除矢量蒙版,可以执行"图层"|"矢量蒙版"|"删除"命令,也可以直接将矢量蒙版缩览图
拖动到图层面板下方的"删除图层"按钮上实现相同效果。

6.3 通道相关知识

通道是 Photoshop 中一个极为重要的概念,通常用来存储不同类型信息的灰度图像,对编辑的每一幅图像都有着巨大的影响,是 Photoshop 中必不可少的一种工具。通道主要有3 种类型:基本通道、专色通道和 Alpha 通道。基本通道是 Photoshop 自动建立的通道,用来保存图像的颜色信息,使用不同的颜色模式时在"通道"面板中显示的通道数量也不同;专色通道是一种比较特殊的通道,用来存储专色,专色是特殊的预混油墨,用来替代或者补充标准印刷色油墨,以便更好地体现图像效果;Alpha 通道主要用来保存选区,可以在 Alpha通道中变换选区,或者编辑选区,得到具有特殊效果的选区。

6.3.1 "通道"面板

"通道"面板用于创建和管理通道。执行"窗口"|"通道"命令,可以打开"通道"面板,对通道的一般操作均在"通道"面板中完成,通常初始打开一幅图像后,"通道"面板中只显示对应的基本通道,不同颜色模式下显示效果不同,如图 6-49 所示。

图 6-49 不同颜色模式下通道面板显示

由图 6-49 可以看出,基本通道随颜色模式不同而发生变化,主要用来保存图像的颜色数据。例如 RGB 模式的图像,其每一个像素的颜色数据是由"红"、"绿"和"蓝"这 3 个通道来记录的,RGB 模拟色光的混合,由 3 种原色混合可以得到不同的颜色效果,除了 3 个基本颜色通道外,还有一个混合结果 RGB 通道,也称为主通道;CMYK 模式模拟颜色的混合,由4 个基本颜色通道和一个主通道 CMYK;Lab 模式比较特殊,除了混合主通道 Lab 外,由一个明度通道 L 和两个代表颜色过渡的通道,a 表示从红色至绿色的范围,b 表示从黄色至蓝色的范围。

在"通道"面板下方有 4 个按钮,代表可以对通道实施不同的操作,各按钮具体实现的功能从左到右分别对应表 6-1 中 4 个选项。

基本通道都显示为灰度图像,如图 6-49 所示的 RGB 基本通道不同位置灰度级别是不同的,这代表该位置的颜色强弱是不同的。对应颜色通道中哪个区域越接近白色,意味着对

应位置该种颜色强度越强,而越接近于黑色,则意味着该位置对应颜色越弱,各个通道的各个位置贡献出不同强弱的颜色值,最终混合成为主通道中的结果色。颜色通道也能够以彩色的方式显示。执行"编辑"|"首选项"|"界面"命令,打开"首选项"对话框,选中"用彩色显示通道"复选框,单击"确定"按钮关闭对话框,此时所有的颜色通道都会以通道所代表的颜色来显示,对话框设置如图 6-50 所示,显示效果如图 6-51 所示。

表 6-1　通道面板按钮功能

选　　项	实　现　功　能
将通道作为选区载入	可以将当前通道中内容转化为选区
将选区存储为选区	可以将选区作为蒙版保存到一个新建的 Alpha 通道中
创建新通道	创建 Alpha 通道,可拖动通道至该按钮上实施复制效果
删除当前通道	删除所选通道

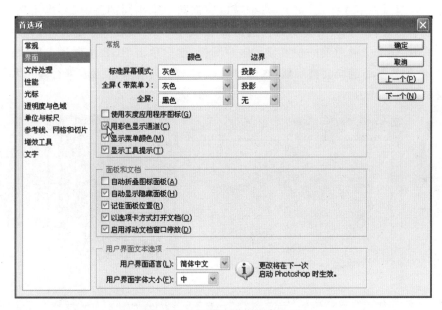

图 6-50　调整通道用彩色显示

6.3.2　通道基本操作

专色通道主要和印刷相关,在本书中不再详细讲解。而在使用通道时,除了基本通道外,最常用到的就是 Alpha 通道,利用该种通道可以很方便精准地制作选区,进而对选区实施不同的编辑修改操作,以达到符合用户要求的满意效果。

1. 创建 Alpha 通道

单击"通道"面板底部的"创建新通道"按钮,即可新建一个 Alpha 通道。如果按住 Alt 键单击该按钮,会打开"新建通道"对话框,在该对话框中可以设置通道的名称、蒙版的显示选项、颜色和不透明度,如图 6-52 所示。修改这些内容可以改变通道蒙版的预览效果,但不会对图像以及通道中的选区产生任何影响。

图 6-51　通道用原色显示

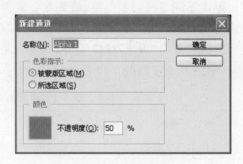

图 6-52　新建通道对话框

　　如果在打开的图像中已建立了选区,此时单击"将选区存储为通道"按钮,就可以将选区保存为 Alpha 通道,如图 6-53 所示。该图中 Alpha1 通道当前处于隐藏状态,可以看到缩览图左侧的眼睛图标并不存在,事实上,每个通道前都有一个相同的图标,图标出现意味着该通道处于显示状态,由于 3 个基本颜色通道都显示,所以可以看到主通道中的彩色图像效果。如果单击 Alpha1 通道前的位置显示眼睛图标,然后单击 RGB 主通道前的眼睛图标进行隐藏,可看到基本通道均会被隐藏,当然也可以只单击某个颜色通道进行显示和隐藏,切换显示效果如图 6-54 所示。

图 6-53　通过选区建立通道

图 6-54　显示/隐藏通道

2. 复制和删除通道

在 Photoshop 中,除了位图模式图像外,其他模式的图像都可以添加通道。增加通道不会明显的增加文件的大小,因为增加通道只是增加了 8 位的灰度图像。通道最多可以有 56 个,也就是说,除了基本通道外,可以根据需要添加多个 Alpha 通道或者专色通道,借助这些通道,这样可以制作出复杂度较高的图像效果。

构建复杂选区时,如果直接在现有的基本通道上进行创建和编辑,会影响到图像原来的效果,此时就可以先复制,然后利用复制出的通道进行编辑。复制操作很简单,先选中要复制的通道,然后执行"通道"面板菜单中的"复制通道"命令,打开"复制通道"对话框,设置完成后单击"确定"按钮即可。也可以直接拖动选中的通道到"通道"面板底部的"创建新通道"按钮上,实现效果如图 6-55 所示。

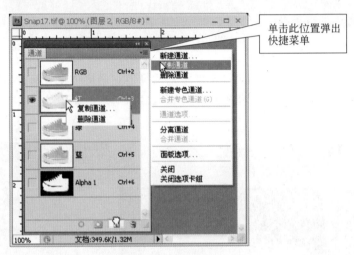

图 6-55　复制通道实现方法

除了通道复制制作选区外,还可以将通道复制成为新的图层,以制作满足用户要求的效果,比如一幅彩色图像,如果希望添加一个和原图像一致的灰度图层,则可以通过这个操作实现。操作步骤如下:

(1) 将图像转换为 Lab 模式,选择 L 通道。

(2) 执行"选择"|"全部"命令(或按 Ctrl＋A 键)选择整个明度通道内容。

(3) 执行"编辑"|"拷贝"命令(或按 Ctrl＋C 键)复制该通道的灰度图像。

(4) 切换到图层面板,新建一个图层,然后执行"编辑"|"粘贴"命令(或按 Ctrl＋V 键)得到最终效果,如图 6-56 所示。(对该步骤实施对应的操作,也可以把图层复制成为新的通道)

删除通道和复制通道的操作基本类似,只需要在"通道"面板菜单中执行"删除通道"命令即可,也可以拖动要删除的通道到"删除当前通道"按钮上,或者在选中要删除通道后,直接单击该按钮,均可以实现删除操作。如果删除的通道是任何一个基本颜色通道,图像会转换为多通道模式,该模式不支持图层,所以在删除原色通道时应慎重考虑。

3. 编辑通道和生成选区

Alpha 通道是和选区紧密相关的,选中由选区生成的 Alpha 通道,可以像对图层蒙版操

图 6-56　复制通道成为图层

作一样对通道进行编辑修改,即用不同灰度级别的画笔在通道中进行涂抹,从而对选区进行细致的修改,当修改完成后,单击"将通道作为选区载入"就可以得到满意的选区效果,示意图如图 6-57 所示。

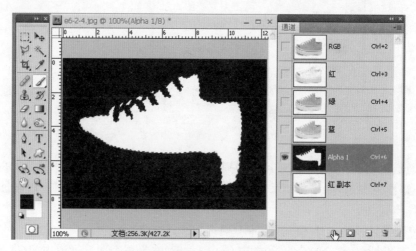

图 6-57　编辑通道并转化为选区

如果按住 Ctrl 键并单击某个通道,也可以直接载入该通道中的选区,这种方法的好处是不必选择就可以直接载入选区,因此也就不必为了载入选区而在通道间切换。执行"选择"|"载入选区"命令,也可以载入 Alpha 通道中的选区,如果当前文档中包含选区,那么在载入通道中的选区时,可以让载入的选区与当前的选区进行运算,载入选区对话框如图 6-58所示,效果图如图 6-59 所示。

6.3.3　通道、蒙版及选区的关系

由前面示例可知,可以将选区存储为对应的 Alpha 通道,编辑修改后的通道也可以作为选区载入,并且可以和现有选区进行加、减、交叉等操作,两者之间灵活的转换为复杂图像的实现提供了极大的方便。事实上,当创建图层蒙版后,"通道"面板中会暂时保存一个名为

"图层蒙版"的临时通道,该通道名字为斜体显示,并且只有在选择了添加了蒙版的图层时,蒙版的临时通道才会显示在"通道"面板中,删除图层蒙版的同时也会删除该蒙版的临时通道。

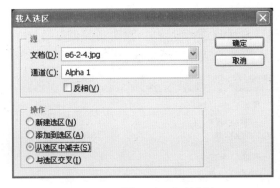

图 6-58　"载入选区"对话框

图 6-59　通道选区计算结果

图层蒙版和通道都是灰度图像,因此,可以像编辑其他图像一样使用绘画工具、色调调整工具或滤镜等功能来编辑它们。修改 Alpha 通道不会对图像的显示效果产生影响,只是可以得到更好的选区,而修改图层蒙版或其对应的临时通道则会改变图像的显示区域。

Alpha 通道通过选区是可以和图层蒙版相互转换的。载入通道中的选区后,单击"图层"面板中的"添加图层蒙版"按钮,可基于通道创建图层蒙版;而将图层蒙版的选区载入后,单击"通道"面板中的"创建新通道"按钮,又可以基于蒙版创建 Alpha 通道。实施效果图如图 6-60 所示。

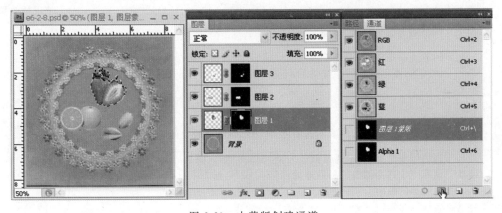

图 6-60　由蒙版创建通道

6.3.4 通道计算

通道计算用来混合两个来自一个或多个源图像的单个通道,然后将结果应用到新图像或新通道,或者当前图像的选区中。不能对复合通道应用"计算"命令,因为通道是以灰度形式显示的,所以在对"计算"对话框进行设置时,预览到的也只是灰度图像。执行"图像"|"计算"命令,会弹出如图 6-61 所示的"计算"对话框。

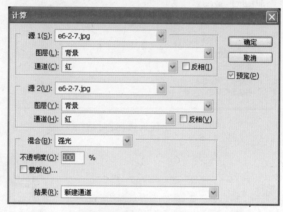

图 6-61 "计算"对话框

该对话框中各个选项的功能如表 6-2 所示。通过选择不同的设置,不同的图层及通道按照一定的混合模式实施计算,形成新的 Alpha 通道,并且可以得到符合用户要求的选区部分。常见的应用包括使用该计算得到图像的高光、暗调和中间调部分对应的选区,比如使面部皮肤光滑(通常称为"磨皮"操作)的应用就是通过计算获取面部皮肤的暗调部分,进而进行修改编辑完成的。

表 6-2 "计算"对话框选项

源 1	源 1	下拉列表中显示和当前编辑图像尺寸相同的,并且已经被 Photoshop 打开的图像文件列表,如没有则只显示当前编辑图像文件名	反 相:对选中的通道实施反相效果
	图层	下拉列表中显示源 1 选中的图像文件中包含的若干图层	
	通道	下拉列表中显示参与运算的通道,除"红 绿 蓝"颜色通道之外,还有"灰色"通道,已存储的 Alpha 通道,以及当前存在的选区	
源 2	源 2	同源 1	
	图层	下拉列表中显示源 2 选中的图像文件中包含的若干图层	
	通道	同源 1 基本相同,但如果存在图层蒙版,会多出该图层蒙版以及一个"透明"的通道,指示图层的不透明度;不透明度越大,在通道中越亮,反之越暗	
混合	混合模式	控制计算中的混合模式,控制图层以何种方式与下面的图层发生混合	
	不透明度	控制源 1 中选择图层的不透明度,从而影响计算效果的强度	
	蒙版	选中该复选框,可以通过颜色通道,Alpha 通道、图像的透明区域或当前文件中的选区来控制源 2 中选择的图层和通道的计算区域,使源 2 中选择的图层和通道的部分区域不会受到计算的影响	
结果		设置计算的结果,包括"新建通道"、"新建文档"和选区	

6.4 上机练习

6.4.1 制作动感汽车效果

利用通道制作动感汽车。

案例效果：

案例效果如图 6-62 所示。

操作步骤：

（1）按 Ctrl+J 键复制当前图层，得到"图层 1"图层，这样做既可以保护原图像不受调整影响，也可以通过对背景层调整以得到复合效果。

（2）选择"图层 1"的图层，使用套索工具并配合快速蒙版对选区进行修改，得到汽车选区（该步骤也可以使用路径工具绘制出汽车轮廓，然后转化为选区），执行"选择"|"存储选区"命令保存该选区，命名为"汽车"，选区如图 6-63 所示。

图 6-62 动感汽车 　　　　　　　　　　图 6-63 制作选区

（3）打开"通道"面板（如没有执行"窗口"|"通道"命令），单击最下方的"汽车通道"，显示效果如图 6-64 所示。

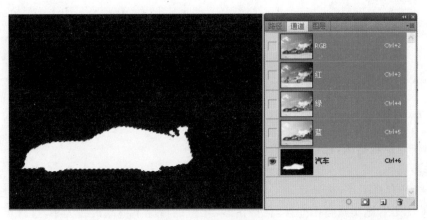

图 6-64 "汽车"通道

（4）将前景色变为白色，背景色变为黑色，然后选择渐变工具，单击"线性渐变"按钮，双击工具选项上出现的是从白到黑的线性渐变。

（5）在白色选区内部显示为汽车的轮廓，在尾部位置从左向右拖动鼠标，实现渐变效果，如图 6-65 所示。此时可以看到，尾部有一个明显的从白到黑的渐变过渡，这部分的作用主要是精确对尾部的动态效果加强。

（6）单击"通道"面板下方的"作为选区载入"按钮，由于渐变效果实施后选区发生变化，得到新的选区，切换到"图层"面板，单击"图层 1"图层，按 Ctrl+J 键把选区中的汽车复制成一个新的图层，得到"图层 2"图层，图层分布如图 6-66所示。可以看到，通过渐变得到的图像部分有效果非常好的羽化效果。

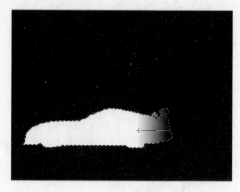
图 6-65　汽车通道内实施渐变

（7）按住 Ctrl 键单击"图层 2"图层，将汽车前半部分载入选区，执行"选择"|"反向"命令得到该选区之外的选区。单击选中"图层 1"图层，执行"滤镜"|"模糊"|"动感模糊"命令，角度为 0 度，是与地平线一致，距离设置为 22，主要影响模糊的程度，如图 6-67 所示。

图 6-66　图层分布

图 6-67　"动感模糊"滤镜参数设置

（8）按 Ctrl+D 键取消选区，然后保存文件，得到最终效果。

6.4.2　快速蒙版抠图

利用快速蒙版抠图，进而进行合成图片。

操作步骤：

（1）打开素材图片，选择移动工具拖动人物图像到大略像中，形成"图层 1"图层，选中该图层，按 Ctrl+T 键实施自由变换，在按住 Shift 键的情况下拖动改变大小，这样可以等比例的进行缩放，效果图如图 6-68 所示。

（2）单击工具栏上的"进入快速蒙版编辑"按钮（或直接按 Q 键）进入快速蒙版状态，将

图 6-68　实施缩放效果图

前景色设置为黑色,选择画笔工具,画笔类型为柔角,硬度为 50%,在图像窗口中沿人物涂抹创建蒙版区(注意,为达到理想效果,此时可以利用放大镜工具进行放大,也可以在涂抹过程中不断使用【和】键改变笔头大小,这样做出的效果更加细腻精确),初始笔头大小和做好后效果如图 6-69 所示。

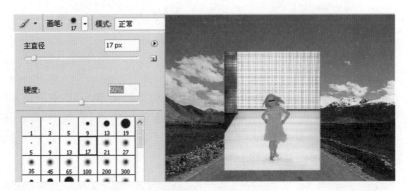

图 6-69　快速蒙版编辑

（3）按 Q 键退出快速蒙版,此时得到选区是除了人物之外的内容,按 Delete 键删除选区内的图像,如图 6-70 所示。

图 6-70　抠取图像后效果

（4）按 Ctrl＋D 键取消选区,使用移动工具拖动"图层 1"图层中人物到合适位置,然后实施放大显示,选择"橡皮擦工具",设置不透明度为 20％,然后选择大小合适的画笔笔头,在有多余边缘的背景进行擦除,得到最终效果。

6.4.3 合同特效照片

利用图层蒙版制作合成特效相册照片。

案例效果:

案例效果如图 6-71 所示。

图 6-71　特效照片效果图

操作步骤:

（1）打开素材图片 6-31.jpg 和 6-32.jpg,选择移动工具拖动 6-32 中图像到另一幅图像中,形成"图层 1"图层,选中该图层,按 Ctrl＋T 键实施自由变换,在按住 Shift 键的情况下拖动改变大小,按 Ctrl＋J 键复制"图层 1"图层形成"图层 1"图层副本,执行"编辑"|"变换"|"水平翻转"命令,拖到合适位置,效果如图 6-72 所示。

图 6-72　图层分布效果图

（2）在"图层"面板中,单击"图层 1 副本"图层前的眼睛图标,隐藏该图层,然后选中"图层 1"图层,单击面板下方的"添加图层蒙版"按钮,为"图层 1"图层添加图层蒙版。

（3）确认当前颜色为黑色,选择大小合适的画笔笔头,在"图层 1"的蒙版中人物之外的部分进行涂抹,去除人物之外的景物部分,如果涂抹错误可以随时更改前景色为白色涂抹进行恢复,设置图层混合模式为"亮光",图层不透明度为 50%,效果如图 6-73 所示。

图 6-73　图层 1 调整效果图

（4）单击"图层 1"图层副本前的眼睛图标显示该图层,按照（3）中的操作步骤对该层添加蒙版,并去除人物之外的景物,然后设置不透明度为 68%,得到最终效果。

第 7 章 图像色彩的修饰

7.1 案例导学

当图像出现色调偏差、亮度不够或获得的色彩信息不够真实时，通过调整图像的色彩平衡可以达到理想的修饰效果。下列 3 个案例通过使用 Photoshop 提供的一系列工具改变色调、调整图像色彩平衡，补偿图像颜色品质的损失，消除图像中不完善的地方，从而获取完美效果。

案例 7.1 个性黑白照片效果

打造个性黑白照片效果。

案例效果：

案例效果如图 7-1 所示。

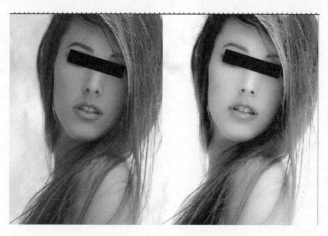

图 7-1 素材及效果图

操作步骤：

(1) 按 Ctrl＋J 键复制背景图层，这样操作是一个良好的习惯，可以保护原图像不被后面的步骤破坏掉。

(2) 单击"图层"面板下面的"创建新的填充或调整图层"按钮，在弹出的菜单中执行"色彩平衡"命令，此时"图层 1"图层之上出现新的调整层，如图 7-2 所示。

(3) 在右侧弹出的"调整"面板中设定阴影、中间调和高光的颜色参数，参数设置如图 7-3 所示。注意"保留明度"复选框要选中，通过这样的调整，图片整体偏黄色，调整后效果如图 7-4 所示。

(4) 如步骤(3)操作方法添加"色相/饱和度"调整层，对黄色和红色进行调整，参数设置如图 7-5 所示，设置完成后效果如图 7-6 所示。

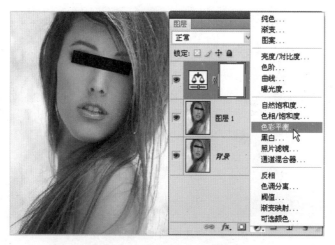

图 7-2　添加色彩平衡调整层

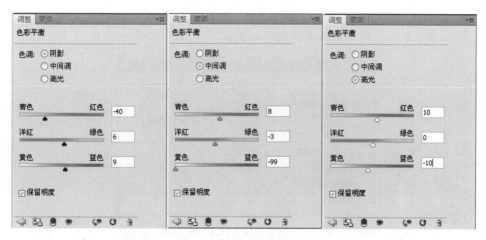

图 7-3　色彩平衡参数设置

图 7-4　色彩平衡设置效果图

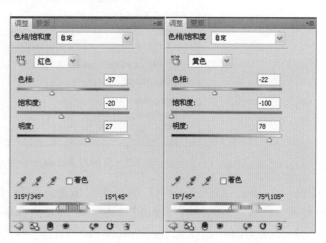

图 7-5　色相饱和度设置图

图 7-6　色相饱和度设置效果图

（5）按 Ctrl＋Alt＋Shift＋E 键实施盖印图层，得到盖印结果图层 2，执行"图像"|"应用图像"命令，参数设置如图 7-7 所示，得到结果后再次执行该操作以加强效果，参数设置如图 7-8 所示，命令执行后得到的效果如图 7-9 所示。

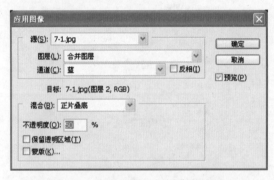

图 7-7　应用图像蓝通道参数设置

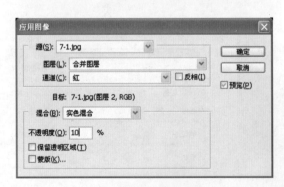

图 7-8　应用图像红通道参数设置

（6）按 Ctrl＋Alt＋Shift＋E 键再次实施盖印图层，得到"图层 3"图层，进入"通道"面板，复制"绿"通道，然后执行"滤镜"|"其他"|"高反差保留"命令，设置半径为 10。

（7）执行"图像"|"计算"命令，在弹出的"计算"对话框中设置混合模式为"强光"，如图 7-10 所示，单击"确定"按钮使计算结果生效，对该步骤连续执行两次以得到更好的效果，单击通道面板下方的"将通道作为选区载入"按钮载入选区，如图 7-11 所示。

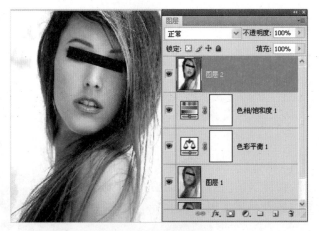

图 7-9　应用图像后效果图

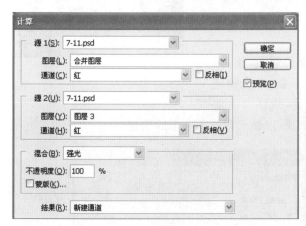

图 7-10　计算参数设定

图 7-11　计算及载入选区效果

（8）单击"通道"面板中的"RGB"通道并切换到"图层"面板，按 Ctrl＋Shift＋I 键对选区实施反向选择，得到图像中肤色粗糙并且暗淡的部分，单击"图层"面板下方的"添加填充或调整图层"按钮添加"曲线"调整图层，参数设置如图 7-12 所示，得到最终结果。

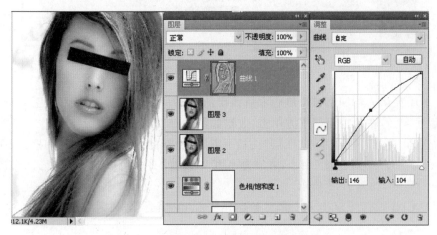

图 7-12　曲线调整层参数设定及最终结果图

案例 7.2　怀旧照片

彩色照片变身部分彩色照片,调整后整幅图像富有怀旧气息,但人物红色衬衣成为图像中最鲜亮的颜色,主体更加分明,图画效果更具层次感。

案例效果:

案例效果如图 7-13 所示。

操作步骤:

(1) 打开素材图片,执行"图像"|"调整"|"色阶"命令,或者按 Ctrl+L 键,在弹出的"色阶"对话框中的"输入色阶"栏中进行,设置参数及效果如图 7-14 所示,将图像颜色适当调整。

(2) 按 Ctrl+J 键复制背景图层,得到"图层 1"图层,执行"图像"|"调整"|"去色"命令,或按 Ctrl+Shift+U 键,去除图像的颜色,效果如图 7-15 所示。

(3) 单击"图层"面板下方的"添加图层蒙版"按钮,为"图层 1"图层添加一个显示全部内容的蒙版,单击画笔工具,选择主直径为 300,硬度为 0% 的画笔,确认当前前景色为黑色,在蒙版橙红色衣服位置进行涂抹,以显示背景图层中的颜色。

图 7-13　怀旧照片

图 7-14　色阶设置参数及效果图

(4) 为了突出人物面部被橙红色衣服映出的效果,可以改变画笔的不透明度选项,设置不透明度为 75%,在人物面部下方单击,效果如图 7-16 所示。

(5) 选择"背景"图层,单击"图层"面板下方"添加新的填充或调整图层"按钮,在弹出的菜单中执行"亮度"|"对比度"命令,在调整面板中设置"亮度为 24",对比度为"-10",提高衣服颜色的亮度,如图 7-17 所示。

(6) 按 Ctrl+Alt+Shift+E 键实施盖印图层,得到最终效果。

图 7-15　去除颜色效果图

图 7-16　突出背景中衣服颜色效果

图 7-17　提高衣服亮度效果

案例 7.3　风景图片调色

风景图片调色，制作高清晰色彩艳丽的效果。

案例效果：

案例效果如图 7-18 所示。

（1）打开素材图片，按 Ctrl＋J 键复制"背景"图层，执行"图像"|"调整"|"自动色阶"命令（或者按 Ctrl＋Shift＋L 键），对色阶进行自动调整，效果如图 7-19 所示。

（2）单击"图层"面板下方的"添加新的填充或调整图层"按钮，在弹出的菜单中执行"可选颜色"命令，对"红色"、"黄色"、"绿色"分别进行调整，调整参数如图 7-20 和图 7-21 所示，调整后效果如图 7-22 所示。注意要勾选对话框下方的"绝对"单选按钮。

图 7-18　素材及效果图

图 7-19　色阶自动调整

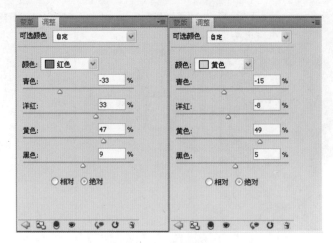

图 7-20　可选颜色设置

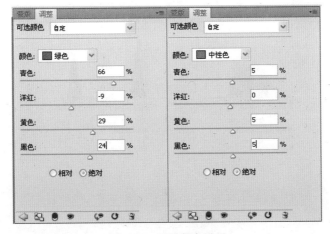

图 7-21　可选颜色设置

图 7-22　可选颜色调整后效果图

（3）添加"色阶"调整层，对 RGB 通道及 3 个单色通道分别进行调整，调整参数如图 7-23 和图 7-24 所示，调整后效果如图 7-25 所示。

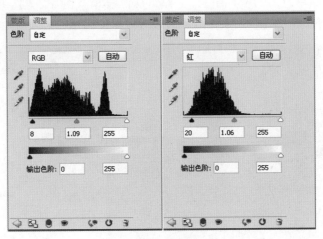

图 7-23　色阶调整

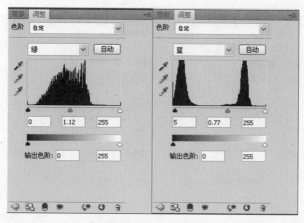

图 7-24　色阶调整

图 7-25　色阶调整后效果图

（4）为了得到一个整体的效果图层，按 Ctrl＋Alt＋Shift＋E 键实施盖印图层，单击"通道"面板，单击"红"通道，按 Ctrl＋A 键进行全选，按 Ctrl＋C 键对该通道进行复制。

（5）单击 RGB 通道或按 Ctrl＋～键，返回复合通道状态，单击"图层"面板，按 Ctrl＋V 键实施粘贴，得到单色"图层 3"图层，选择图层混合模式为"柔光"，并设置不透明度为25％，突出图像整体的层次感，效果如图 7-26 所示。

图 7-26　突出图像层次感效果图

（6）添加"亮度/对比度"调整层，设置亮度值为 18，对比度值为－3，按 Ctrl＋Alt＋Shift＋E 键实施盖印图层，得到最终效果，如图 7-17 所示。

7.2　相　关　知　识

由以上实例可以看到当图像出现色彩偏差、亮度不够或获得的色彩信息不够真实时，通过色彩调整可以达到满意的效果。Photoshop 提供了一系列工具用于改变色调和图像中的色彩平衡以修饰图像，经过这些调整可以补偿图像颜色品质的损失，消除图像中不完善的地方，使得图像的效果更加丰富多彩。本节主要讲解色彩调整的相关知识，包括颜色模式的转换、亮度/对比度、色相/饱和度、色阶及曲线调整等内容。相关的菜单命令如图 7-27～图 7-29 所示。

图 7-27　图像菜单选项

图 7-28　模式子菜单选项

图 7-29　调整子菜单选项

7.2.1　图像的模式转换

执行"图像"|"模式"命令，显示如图 7-28 所示的菜单，其中"位图"、"灰度"、"双色调"、"RGB 颜色"、"CMYK 颜色"、"Lab 颜色"等选项可以将当前图像转换为对应色彩模式的图像。菜单中灰色的菜单项表示当前不可用，只有符合一定的条件后该菜单文字才能转换为黑色显示，成为可用状态，例如只有当图像转换为"灰度"模式后，才能进一步转换为"位图"模式。

1. 转换为灰度模式

执行"图像"|"模式"|"灰度"命令，弹出如图 7-30 所示的"信息"对话框，提示此操作会扔掉图像中的颜色信息。扔掉颜色信息后，除非使用历史记录取消该操作，不能恢复。

在灰度模式的图像上，每个像素可表示 2^8（256）种灰度级别，范围值为 0（黑色）～255（白色），显示效果类似黑白照片，此时通道面板中只有一个灰色通道。如果图像含有多个图层，则在转换过程中会提示是否在扔掉颜色信息时合并图层，如图 7-31 所示，如果选择"拼合"则多个图层在扔掉颜色信息后合成一个图层；如果选择"不拼合"则图层信息被完全保留，灰度图像显示效果如图 7-32 所示。

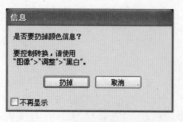

图 7-30　灰度模式警告对话框

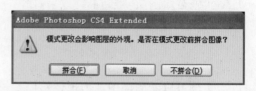

图 7-31　拼合图层提示框

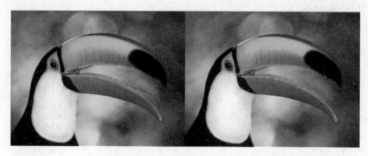

图 7-32　灰度模式显示效果。

2. 转换为位图模式

转化为灰度模式后,执行"图像"|"模式"|"位图"命令,弹出如图 7-33 所示的"位图"对话框,设置后可将图像转换为位图模式,位图模式下的图像只有黑白两种颜色。

图 7-33　"位图"对话框

默认情况下,输入和输出分辨率均为当前图像的分辨率。当这个值改变时,图像随之变化,该值越大,图像变大,该值越小,图像越小,并按方法中选定的方法以黑白颜色显示图像。不同方法转换位图模式的效果如表 7-1 所示。

表 7-1　位图模式不同方法效果表

方　法	效　果
50%阈值	将灰色值高于中间灰阶(128)的像素转换为白色,将灰色值低于该灰阶的像素转换为黑色。结果将是高对比度的黑白图像
图案仿色	通过将灰阶组织成白色和黑色网点的几何配置来转换图像
扩散仿色	通过使用从图像左上角开始的误差扩散过程来转换图像。如果像素值高于中间灰阶(128),则像素将更改为白色;如果低于该灰阶,则更改为黑色。因为原像素很少是纯白色或纯黑色,所以不可避免地会产生误差。此误差将传递到周围的像素并在整个图像中扩散,从而导致粒状、类似胶片的纹理
半调网屏	模拟转换后的图像中半调网点的外观
自定图案	模拟转换后的图像中自定半调网屏的外观。选取一个适合于厚度变化的图案,这种图案通常是包含各种灰度级的图案

3. 转换为 RGB 模式

执行"图像"|"模式"|"RGB 颜色"命令,图像转换为 RGB 图,RGB 色彩就是常说的三原色,R 代表 Red(红色),G 代表 Green(绿色),B 代表 Blue(蓝色)。之所以称为三原色,是因为在自然界中肉眼所能看到的任何色彩都可以由这 3 种色彩混合叠加而成,因此也称为加色模式。

R、G、B 这 3 种成分的取值范围是 0~255,0 表示没有刺激量,255 表示刺激量达最大值。R、G、B 均为 255 时就合成了白光,R、G、B 均为 0 时就形成了黑色,当两色分别叠加时将得到不同的"C、M、Y"颜色(即青色、洋红和黄色)。

在 Photoshop 中处理图像,只有在 RGB 模式下才能取得相对好的效果,因为相对于该模式,许多工具和滤镜不能用于索引模式图像和黑白模式图像,也有一些滤镜不能用于灰度模式图像,但在 RGB 模式下均可用。除黑白图像外,所有图像都能直接转换成 RGB 图像,黑白图像要先转换成灰度图像才能转换为 RGB 图像。

4. 转换为 CMYK 模式

执行"图像"|"模式"|"CMYK 颜色"命令,图像转换为 CMYK 颜色模式图像,相对于 RGB 模式,该模式是一种基于印刷处理的颜色模式,由青(Cyan)、洋红(Magenta)、黄色(Yellow)和黑色(Black)4 种油墨组合出的一幅彩色图像,它和 RGB 模式的根本区别在于该模式是减色模式。

5. 转换为 Lab 模式

Lab 模式由 3 个通道组成,一个通道是亮度 L;另外两个是色彩通道,用 A 和 B 来表示。A 通道包括的颜色是从深绿色(低亮度值)到灰色(中亮度值)再到亮粉红色(高亮度值);B 通道则是从亮蓝色(低亮度值)到灰色(中亮度值)再到黄色(高亮度值),这种色彩混合后将产生明亮的色彩。

Lab 模式所定义的色彩最多,并且与光线及设备无关,处理速度比 CMYK 模式快很多,因此,可以放心大胆地在图像编辑中使用 Lab 模式。当将 RGB 模式转换成 CMYK 模式时,Photoshop 会自动将 RGB 模式转换为 Lab 模式,再转换为 CMYK 模式。

7.2.2 图像的色调调整

图像色调的调整是对图像明暗关系及整体色调的调整。在图像编辑实践中,为了表现某种艺术效果,经常需要将图像中的色调更改为另外一种色调。Photoshop 允许对生成的图像进行精确的颜色调整,执行"图像"|"调整"命令,弹出子菜单,如图 7-29 所示。各菜单项都是与颜色调整相关的,下面将介绍具体的使用方法。

1. 亮度/对比度

执行"图像"|"调整"|"亮度/对比度"命令,弹出如图 7-34 所示的"亮度的对比度"对话框,主要用来调节图像的亮度和层次感。

当选中"预览"复选框时,可以在调节参数的同时查看图像效果。禁用该选项后,必须在完成参数设置后,单击"确定"按钮后才可以查看图像的效果。如果不选中"使用旧版"复选框,则亮度的调节范围是 −150~150 和对比度的调节范围为 −50~100;当启用该复选项,则亮度和对比度的调节范围均是 −100~100。图 7-35 是亮度/对比度调节前后的示意图。

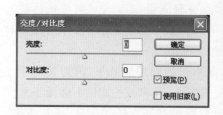

图 7-34 "亮度/对比度"对话框　　　图 7-35　亮度调为 48/对比度调整为-24 效果对比图

2. 色阶

色阶调整是指调整图像中的颜色或者颜色的某一个成分的亮度范围。这种调整只能针对整幅图像进行,而不能单独调整该图像某一种颜色的色调。执行"图像"|"调整"|"色阶"命令或按 Ctrl+L 键,打开"色阶"对话框,如图 7-36 所示。

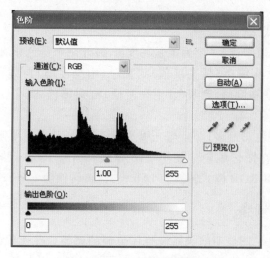

图 7-36　"色阶"对话框

对话框中的各项功能如表 7-2 所示。

对话框输入色阶部分对应着图像的"直方图"信息,直方图以图形化的方式显示整幅图像的色调分布,横轴从左到右代表图像中从黑(暗部)到白(亮部)的像素数量,一幅比较好的图像应该明暗细节都有,在直方图上就是从左到右都有分布,同时直方图的两侧是不会有像素溢出的。而直方图的竖轴就表示相应部分所占画面的面积,峰值越高说明该明暗值的像素数量越多。

改变输入色阶值的方法有两种,一种是通过拖动色阶的三角形滑块进行调整;另一种是直接在输入色阶文本框中输入数值。对应输入色阶的阴影数值,默认为 0,如果增大该值,则图像中比该数值小的灰度级别的像素全部转化为最暗的像素值,则整幅图像变暗;而高光部分的默认值为 255,如果减小该值,则图像中比该数值大的灰度级别的像素全部转化为最亮的像素值,整幅图像变亮。输出色阶则定义了图像中最暗和最亮的值为多少。改变色阶效果对比图如 7-37 所示,调整参数如图 7-38 所示。

表 7-2 "色阶"对话框选项及功能

选项		功能
预设		列举了若干种预先设定好的亮暗选项,直接选择即可生效
通道		根据图像模式而改变,可以对每个颜色通道设置不同的输入色阶与输出色阶值
输入色阶	阴影	对应左侧三角形图标,控制图像暗调部分,数值范围 0～253。数值越大,图像由阴影向高光逐渐变暗
	中间调	中间调在黑场和白场之间的分布比例,数值小于 1.00 图像变暗;大于 1.00 图像变亮
	高光	控制图像的高光部分,数值范围 2～255,数值减小,图像由高光向阴影逐渐变亮
输出色阶	阴影	对应左侧三角形图标,控制图像最暗数值
	高光	控制图像最亮数值
自动		单击该按钮,执行自动色阶命令
选项		单击该按钮可以更改自动调节命令中的默认参数

(a) 调整前　　　　(b) 调整后

图 7-37　色阶调整效果对比图

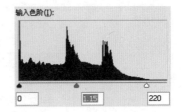

图 7-38　色阶调整参数

通道选项根据图像模式变化而变化,当图像模式为 RGB 模式时,该选项中的颜色通道为红、绿与蓝;当图像模式为 CMYK 时,该选项中的颜色通道为青色、洋红、黄色与黑色。下面以 RGB 模式为例,通道选择"红"通道,改变输入色阶值观察调整的效果。

从图 7-39 和图 7-40 中可以看到,当选择"红"通道后,增加输入色阶阴影值,并不是图像整体变暗,而是由阴影区域向高光区域转变为青绿色;降低输入色阶高光值,图像并非整体变亮,而是由高光区域向阴影区域变为红色。如果调整中间调的值,该值增大,图像中红色像素增加,该值减小,图像中青绿色像素增加。当选择"绿"通道和"蓝"通道时,改变输入色阶的值也会引起色调的变化,"绿"通道调整时是在绿色和洋红间变化,蓝通道调整时是在蓝色和黄色间变化,这 3 对颜色的关系是互补关系。

3. 曲线

曲线调整是比较常用的色调命令,它和色阶的原理一样,是用来调整包括各个单独的颜色通道和综合的 RGB 通道的高光、阴影和中间调部分的设置,但曲线可以做到更精确,执行"图像"|"调整"|"曲线"命令,或按 Ctrl＋M 键,打开"曲线"对话框,如图 7-41 所示。

图 7-39 "红"通道下调高输入色阶阴影值效果

图 7-40 "红"通道下调低输入色阶高光值效果

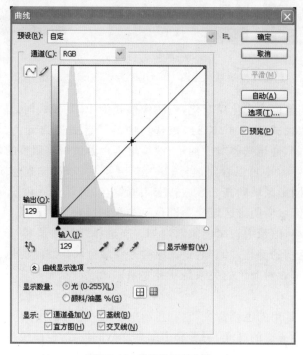

图 7-41 "曲线"对话框

在"曲线"对话框中间位置,背景显示了当前图像的直方图,可以看到图像中明暗像素的分布情况,前景显示了一条斜向 45°的直线,表明当前输入和输出值是相当的,没有做任何的调整。单击直线上任意位置,则在直线上会出现一个明显的选中点,同时左下角位置出现输入和输出文本框,上图中可看到当前两者中数值相等。

底部的色调条带表示了图像的调整前的色调值,垂直的色调条带则是图像调整后所呈现的色调值,通过改变曲线的形状可以对色调进行编辑修改,其原理是输入值代入曲线计算公式,得到输出值。一般而言,遇到比较灰暗的图像,可以在直线中间添加一个点,然后将直线向上拉,此时图像变亮;如果将直线向下拉,则图像会变得更加黑暗,图 7-42~图 7-44 分别展示了调亮、调暗和暗部调亮并且亮部调暗的效果。

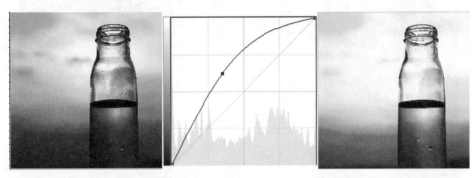

图 7-42　调高曲线弧度效果图

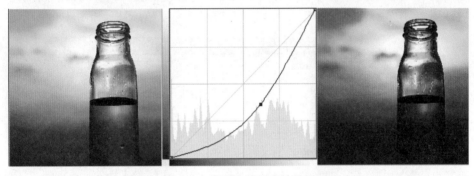

图 7-43　调低曲线弧度效果图

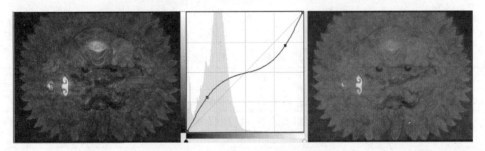

图 7-44　暗部调亮、亮部调暗效果图

观察曲线底部灰阶条中央的两个三角形,RGB 模式的惯例是将黑色排在左边,白色排在右边,而 CMYK 模式的默认设置正好相反。在显示数量选项中可以设置为"光"或者"颜料/油墨",可以发现改变两者后直方图会发生变化,恰好是以直方图中间轴位置对称的显示。以上两点都说明了 RGB 是模拟色光的混合,是加色模式,而 CMYK 是模拟颜料/油墨的混合,是减色模式。

当选择"通道"选项后,可以在单个通道中进行曲线的调整,通常在某种光线下拍摄的数码照片会出现偏色的现象,此时利用曲线对单个通道调整的功能就可以很好地解决这样的问题,图 7-45 所示原图是在蓝色的灯光下拍摄的照片,整体偏蓝,通过选择蓝通道进行调整,得到了相对较好的显示效果。

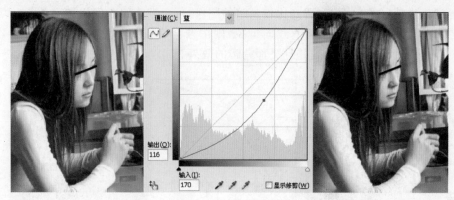

图 7-45　偏色处理效果图

4. 曝光度

"曝光度"命令主要用来修补各种曝光不足或曝光过度的照片,也可以用于制作一些特效。执行"图像"|"调整"|"曝光度"命令,即可打开"曝光度"对话框,如图 7-46 所示。

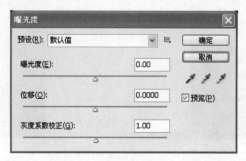

图 7-46　"曝光度"对话框

该对话框中各选项功能如表 7-3 所示。

表 7-3　曝光度对话框选项及功能

选　项	功　能
预设	列举了若干种预先设定好的选项,直接选择即可生效
曝光度	用于调整色调范围的高光端,对阴影影响轻微。默认值为 0,变化范围为－20.00～20.00。当滑块向左移动时,图像逐渐变黑;向右移时,高光区域部分逐渐变亮
位移	可以使阴影和中间调变暗,对高光的影响轻微。默认值为 0.000 0,变化范围为－0.500 00～0.500 00。当滑块向左移动时,除了高亮区域外,其他图像逐渐变黑;当滑块右移时,图像就像蒙上一层白纱
灰度系数校正	该参数使用简单的乘方函数调整图像的灰度系数。默认值为 1.00,数值范围为9.99～0.10。当滑块右移时,图像像蒙上一层白纱,同时最亮区域颜色发生变化

图 7-47 所示为对曝光度不足的照片实施命令后的效果,可以看到只调整了曝光度选项,图像高光部分变亮,但对阴影部分的影响基本看不出来。

图 7-47　曝光度调高效果图

5. 自然饱和度

"自然饱和度"命令相对于以前的 Photoshop 版本是一个新增加的图像调整命令,比原来的"色相/饱和度"命令调整效果有了重要的改进,它在调节图像饱和度的时候会保护已经饱和的像素,只大幅增加不饱和像素的饱和度,尤其对图片人物皮肤的肤色会起到很好的保护作用,不但能够增加图像某一部分的色彩,而且还能使整幅图像饱和度趋于正常值。

使用该命令调整时参数设置要适当,如果调节到较高数值时,图像会产生色彩过于饱和从而引起图像失真。执行"图像"|"调整"|"自然饱和度"命令,会弹出"自然饱和度"对话框,如图 7-48 所示。"自然饱和度"命令对人物肤色调整效果比较好,"饱和度"命令却容易产生饱和度过度的现象。

6. 色相/饱和度

"色相/饱和度"命令可以根据颜色的色相和饱和度来调整图像的颜色,也可以在保留原始图像亮度的同时,应用新的色相与饱和度值给图像着色。执行"图像"|"调整"|"色相/饱和度"命令,或按 Ctrl+U 键后,会弹出如图 7-49 所示的"色相/饱和度"对话框。

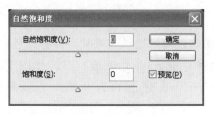

图 7-48　自然饱和度设置对话框

图 7-49　"色相/饱和度"对话框

该对话框中各选项功能如表 7-4 所示。

表 7-4 "色相/饱和度"对话框选项及功能

选 项	功 能
预设	列举了若干种预先设定好的选项,直接选择即可生效
颜色选择	默认为"全图",此时调整影响的是整幅图像,还可以选择红、绿、蓝、青、洋红以及黄色,只对该种颜色实施调整
色相	更改图像色相,拖动色相滑块或者直接输入数值,颜色发生变化
饱和度	用于调整图像中色彩的鲜艳程度,即色彩的纯度
明度	明度,就是亮度,用于调节图像的明亮程度,该选项调至最低会得到黑色,调至最高会得到白色,但注意对黑色和白色改变色相或饱和度都没有效果
着色	选择该项后可以将图像改为同一种颜色,而不是分别对不同颜色起作用

可以看到,在设置对话框的最底端,有两个颜色带。初始情况下两者不同位置上颜色一致,如果调整色相参数,上方色带保持不变,下方色带会随着参数值的不同变换颜色。当色相参数值确定下来后,图像中和上方色带颜色相同的位置就变为下方色带所展示的颜色,具体示例图如图 7-50 所示。

图 7-50　调整色相(不选中"着色")效果图

如果选中"着色"复选框,则可以发现下方色带变为一种颜色,意味着调整色相后整幅图像的颜色都会变为一种,示例如图 7-51 所示。

7. 色彩平衡

"色彩平衡"命令是控制图像色彩的命令,可以在明暗色调中增加或者减少某种颜色,从而改变图像颜色的构成。该命令不可以精确控制单个颜色成分(单色通道),只能作用于复合通道。执行"图像"|"调整"|"色彩平衡"命令,或按 Ctrl+B 键,可以打开如图 7-52 所示的"色彩平衡"对话框。

该对话框中各选项功能如表 7-5 所示。

图 7-51　调整色相(选中"着色")效果图

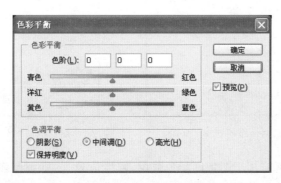

图 7-52　"色彩平衡"对话框

表 7-5　"色彩平衡"对话框选项及功能

选　项	功　能
色彩平衡	根据校正颜色时增加基本色,降低相反色原理设计。即三组颜色中,左右互为相反色,增加某种颜色时其相反色会减弱
色调平衡	可以选择对图像中 3 种色调进行调节,默认情况下是中间调。配合色彩平衡选择中的颜色变化,可以对阴影、中间调和高光部分产生影响
保持亮度	在三基色增加时降低亮度,在三基色减少时提高亮度,从而抵消三基色变化带来的亮度改变

8. 黑白

执行"图像"|"调整"|"黑白"命令或按 Alt+Shift+Ctrl+B 键,可以打开如图 7-53 所示的"黑白"对话框,同时图像转换为灰度图像。

对话框中预设选项是选择预定义的灰度混合或以前存储的混合。可以设置多种颜色的百分比,图像中对应该颜色的位置转换为灰度的强弱会随着调整值的不同而改变。"色调"复选框类似于"色相/饱和度"设置中的"着色",选中该选项可以将整幅图像调整成统一的色调,当然这个色调会随着下方色相值的变化而变化。

9. "照片"滤镜

"照片"滤镜命令是通过模拟相机镜头前滤镜的效果来进行色彩调整的,即模拟在镜头

前加上滤光镜,以调整到达镜头的光线的色温和色彩平衡,从而使底片产生特定的曝光效果。该命令还允许选择预设的颜色,以便向图像应用色相调整。执行"图像"|"调整"|"照片滤镜"命令,弹出如图 7-54 所示的"照片滤镜"对话框。

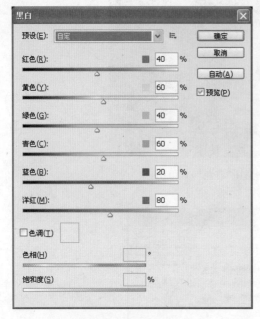

图 7-53　黑白命令对话框

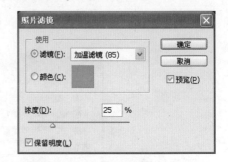

图 7-54　"照片滤镜"对话框

浓度选项用来调整应用于图像的颜色数量,浓度值越大,则调整颜色幅度就越大,反之越小。因为通过添加颜色滤镜可以使图像变暗,为了保持图像原有的明暗关系,必须启用"保留明度"复选框,图 7-55 所示为加温滤镜浓度调整到 100% 后的效果图。

图 7-55　照片滤镜调整效果图

10. 通道混合器

"通道混合器"命令可以通过从每个颜色通道中选取它所占的百分比来创建高品质的灰度图像,还可以创建高品质的棕褐色或者其他彩色图像。对于 RGB 模式和 CMYK 模式的图像,执行"图像"|"调整"|"通道混合器"命令,在弹出的"通道混合器"对话框中的选项会有

所不同，如图 7-56 所示。

源通道由 RGB 这 3 个分量构成，改变它们的值，会影响目标通道中颜色分量的色调值，默认情况下，对应输出通道的源通道值为 100%，其他两个通道值为 0。以输出通道为"红"通道举例，无论拉动源通道中哪个通道滑块，最终都是影响图像中的红色成分，对绿色成分和蓝色成分没有丝毫影响，输出通道为"绿"和"蓝"时效果也是如此。如果某个像素点的 RGB 值为 20,60,16，输出为"红"通道，把绿色通道改为 200%，则只影响红色值，变为 $20+(60\times2)=20+120=140$，改变后 RGB 值为 140,60,16。

图 7-56　"通道混合器"设置对话框

一般情况下，不同的源通道对图像中的红色成分的影响程度是不一样的，图 7-57 所示为把绿色通道调至最大 200% 后的效果图（调整前效果如图 7-55 左侧图片所示），图 7-58 所示为把蓝色通道调至最大 200% 后的效果图。因为原图像中绿色是主色调，所以改变绿色通道后图像整体改变较大，而改变蓝色通道后只影响部分图像。

图 7-57　绿色通道调整效果图

图 7-58　蓝色通道调整效果图

"单色"复选项用来创建高品质的灰度图像,选择此选项后,输出通道变成灰色,此时可以通过调整源通道中对应的参数值来影响对比度。

"常数"选项在彩色图像模式下值的改变相对于对 3 个源通道调整的叠加,调整为最大值的效果与所有颜色信息参数均为最大值相同;调整为最小值与所有颜色信息参数均为最小值相同。在单色模式下,用于调整输出通道的灰度值,负值增加更多的黑色,正值增加更多的白色。

11. 反相

"反相"命令可以反转图像的色调,能够将位图中的颜色转换为互补色,从而得到负片的效果。执行"图像"|"调整"|"反相"命令可以实现效果,如图 7-59 所示。

图 7-59 反相效果图

12. 色调分离

"色调分离"命令能够制定图像每个通道的亮度值,并将制定亮度的图像映射为最接近的匹配色调,因此它可以减少色彩的色调书,制作出特殊的色调分离效果。执行"图像"|"调整"|"色调分离"命令可以实现效果,如图 7-60 所示。

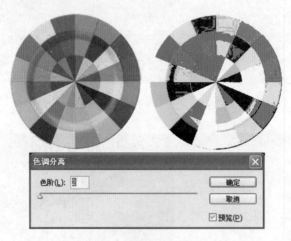

图 7-60 色调分离效果图

13. 阈值

"阈值"命令能够将一定的色阶制定为阈值,所有比该阈值亮的像素转换为白色,而所有比阈值暗的像素转换为黑色,转换效果如图 7-61 所示。

图 7-61　阈值为 175 效果图

14. 渐变映射

渐变映射可以将相等的图像灰度范围映射到指定的渐变填充色,如果指定双色渐变填充,图像中的阴影映射到渐变的一个端点颜色,高光映射到另一个端点颜色,而中间调映射到两个端点颜色之间的渐变,从而达到对图像的特殊调整效果。

执行"图像"|"调整"|"渐变映射"命令,弹出"渐变映射"对话框,该选项设置和渐变工具的工具选项非常相似,可以设置自定义的渐变效果。仿色选项用于添加随机杂色以平滑渐变填充的外观并减少带宽效应,反向选项用于切换渐变填充的方向,从而反向渐变映射,应用效果图如图 7-62 所示。

15. 可选颜色

执行"图像"|"调整"|"可选颜色"命令,弹出如图 7-63 所示的"可选颜色"对话框。"可选颜色"命令可以增加和减少图像中每个加色和减色的原色成分中印刷色的量,并且能够只改变某一主色中的某一印刷色的成分,而不影响该印刷色在其他主色中的表现。

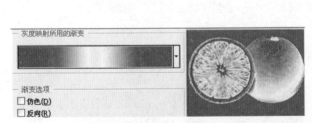

图 7-62　渐变映射效果图

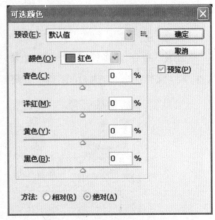

图 7-63　可选颜色对话框

"颜色"栏中可以选择红色、黄色、绿色、青色、蓝色、洋红、白色、中性色和黑色中的任意一种,通过青色、洋红、黄色、黑色四色对选中的颜色进行调整 ,不会影响到其他颜色。

调整方法中相对是指按照总量的百分比进行调整,例如从 50% 青色的像素开始添加 10%,则 5% 将添加到青色,结果为 55% 的青色(50%×10% = 5%),需要注意的是,该选项不能调整纯反白光,因为它不包含颜色成分;绝对选项是指按照绝对值调整颜色,如果从 50% 的青色像素开始,添加 10%,结果为 60% 的青色。

16. 阴影/高光

"阴影/高光"命令主要用于校正由于强烈逆光而形成剪影的照片,或者纠正由于对象太接近相机闪光而产生的轻微陈旧的效果。

执行"图像"|"调整"|"阴影/高光"命令,弹出如图 7-64 所示的"阴影/高光"对话框,由于阴影值为 50%,所以图像中阴影区域会变亮,而高光区域没有变化。该命令工作原理是基于阴影或高光中的周围像素(局部相邻像素)增亮或变暗,阴影和高光均有各自的控制选项。

"阴影"栏中数量参数值越大,图像中的阴影区域越亮;高光选项组中的数量参数越大,则图像中高光区域越暗。如果选中"显示更多选项"复选框,则可以进一步对色调宽度、半径、颜色校正等内容进行设置,并且可以将设置的参数存储为默认值,以方便下次直接应用该值到图像,图 7-65 是应用该命令的效果图。

图 7-64 "阴影/高光"对话框

图 7-65 阴影/高光调整效果图

17. 变化

"变化"命令能够预览缩略图效果,来调整图像的色彩平衡、对比度和饱和度等参数,非常直观并且操作方便。执行"图像"|"调整"|"变化"命令,弹出如图 7-66 所示的"变化"对话框。

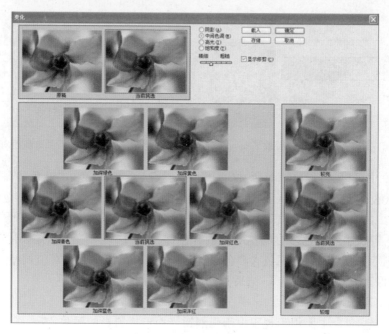

图 7-66 "变化"对话框

对话框左上方两幅图像是调整前后的对比,然后是可以调整的选项,包括对阴影、高光、中间调和饱和度的调整,"精细—粗糙"控制每次调整的幅度,精细调整是小幅度调整,而粗糙调整则幅度比较大。下方 7 幅图片中的中间位置显示调整效果,而其他 6 幅对应着对某种颜色的改变,例如"加深红色"、加深绿色等。每单击这样的缩略图像一次,就会按照设定好的参数进行变化,直到符合用户的要求为止。最右侧 3 幅图像则是对应亮度的调整,可以加亮或变暗图像。由于这种调整方便直观快捷,因此在实际调整图像色彩中应用较广。

18. 去色

"去色"命令可以去除彩色图像中的所有颜色值信息,即将所有颜色均变为 0,将图像转换为相同色彩模式的灰度图像。执行"图像"|"调整"|"去色"命令或按 Ctrl＋Shift＋U 键,图 7-67 是应用该命令的效果图。

图 7-67　去色调整效果图

19. 匹配颜色

执行"图像"|"调整"|"匹配颜色"命令,可以弹出如图 7-68 所示的"匹配颜色"对话框,"匹配颜色"命令用来匹配不同图像之间、多个图层之间或者多个颜色选区之间的颜色。通过设置可以将一幅图像的总体颜色和对比度与另一个图像相匹配,使两幅图像看上去一致,调整效果如图 7-69 所示。

图 7-68　"匹配颜色"对话框

图 7-69　匹配颜色效果图

明亮度、颜色强度和渐隐选项用来改变匹配颜色后的效果。其中明亮度选项用来增加或者减小目标图像的亮度；颜色强度选项用来调整目标图像的色彩饱和度；渐隐选项用来控制应用于图像的调整量。

20. 替换颜色

"替换颜色"命令可以更改图像中特定区域的颜色，通过调整色相、饱和度和明度得到符合要求的效果。执行"图像"|"调整"|"替换颜色"命令，可以弹出如图 7-70 所示的"替换颜色"对话框。

该对话框中各选项功能如表 7-6 所示。

图 7-71 所示为替换颜色效果图。

21. 色调均化

"色调功能"命令可以按照弧度重新分布亮度，将图像中最亮的部分提升为白色，最暗的部分降低为黑色，图 7-72 是执行该命令的效果图。

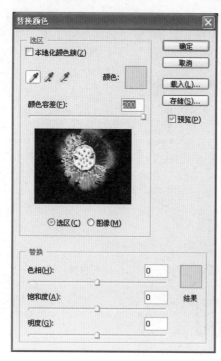

图 7-70　"替换颜色"对话框

图 7-71　替换颜色效果对比图

图 7-72　色调均化效果图

表 7-6 "替换颜色"对话框选项及功能

选 项		功 能
选区	颜色	双击该色块,可以选择要替换区域的颜色
	吸管	可以选择某种颜色的区域,并进行添加和减小选区
颜色容差		拖移颜色容差滑块或者输入一个值来调整蒙版的容差
预览框	选区	该方式下蒙版区域是黑色,未蒙版区域是白色
	图像	显示图像,在处理放大图像或仅有有限屏幕空间时效果明显
替换		结果色块对应区域替换成的结果颜色,可以通过调整色相、饱和度、明度实现

7.2.3 图像其他调整色调命令

除了第 7.2.2 节中提到的"色调调整"命令之外,在图像菜单下也有功能更为简洁的命令,这些命令使用方便,不用过多地进行设置,前两个命令会按照最理想的亮度值自动调整图像的对比度,最后一个命令用于自动校正图像的中间色调并去除色泽。

1. 自动色调

执行"图像"|"自动色调"命令,或按 Ctrl+Shift+L 键,与"色阶"对话框中的自动按钮功能相同,可自动将每个通道中最亮的像素定义为白色,最暗的像素定义为黑色,然后按比例平均分配其间的像素值。一般来说,该命令适用于简单的灰度图和像素值比较平均的图像,可将亮的颜色变得更亮,暗的颜色变得更暗。

2. 自动对比度

执行"图像"|"自动对比度"命令,或按 Alt+Ctrl+Shift+L 键,可将图像作为一个整体进行检测,也就是调整合成的色阶从而保护颜色的平衡,该命令自动将图像中最深的颜色加强为黑色,最亮的部分加强为白色,以增强图像的对比度。该命令对连续调整的图像效果相当明显,而对于单色或者颜色不丰富的图像几乎不产生作用。

3. 自动颜色

执行"图像"|"自动颜色"命令,或按 Ctrl+Shift+B 键,会通过查看实际的图像进行图像对比度和颜色的调节,而不是根据通道中暗部、中间调和亮度的像素值分布情况进行。该命令擅长于调整皮肤的色调,并且能自动进行一些适度的调整。

7.3 上 机 练 习

7.3.1 阈值及去色

练习阈值及去色命令,并将最终结果存储为 CMYK 模式。

案例效果:

案例效果如图 7-73 所示。

操作步骤:

(1) 打开素材图,选择矩形选框工具,羽化半径设置为 10 像素,选择左侧 1/3 部分,执行"图像"|"调整"|"阈值"命令,设置阈值色阶为 169,确定后按 Ctrl+D 键取消选区,效果

如图 7-74 所示。

图 7-73　效果图

图 7-74　阈值效果图

（2）如同步骤（1）中矩形选框工具同样的设置，选择右侧 1/3 部分，执行"图像"|"调整"|"去色"命令，然后按 Ctrl＋D 键取消选区，效果如图 7-75 所示。

（3）执行"图像"|"模式"|"CMYK 颜色"命令，将图像的 RGB 模式转换为 CMYK 模式，并命名存盘。

7.3.2　通道混合器调整色调

使用通道混合器命令，改变素材图色调，使春天变为金秋效果。

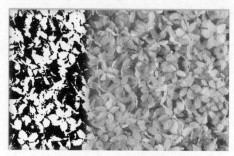

图 7-75　去色效果图

案例效果：

案例效果如图 7-76 所示。

(a) 调整绿色通道的效果

(b) 调整蓝色通道的效果

图 7-76　调整色调

操作步骤：

（1）打开素材图，按 Ctrl＋J 键复制图层，得到"图层 1"图层，这样做可以在调整前保护原来的图像，即便调整错误也可以弥补，如图 7-77 所示。

（2）单击"图层"面板下方的"添加调整层"按钮，在弹出的菜单中执行"通道混合器"命令，添加对应该命令的调整层，如图 7-78 所示。注意：执行"图像"|"调整"|"通道混合器"

命令和添加对应命令的调整图层效果基本一样,但添加调整层不仅可以保护原图像不被修改,而且可以通过调整层查看具体的调整参数,更加方便。

图 7-77　复制背景图层

图 7-78　添加调整层

（3）在调整层对应的选项设置中,选择输出通道为"红"通道,调整源通道中的绿色通道值,将其设置为125％,得到如图7-79所示的效果图(相当于在像素点原有RGB基础上增大R值,因为调整的源通道是绿色通道,所以原来绿色的部分加大红色值,得到黄色效果)。

图 7-79　调整绿色通道值效果图

（4）由于红色和蓝色混合得到洋红色,所以看到图像中天空及湖泊部分蓝色区域受到明显的影响,此时调整源通道中的蓝色,减小蓝色值到－89％,则消除洋红色调,得到结果,效果如 7-80 所示。

图 7-80　调整蓝色通道效果图

7.3.3　制作怀旧照片

制作怀旧照片,将普通彩色照片通过整体色调改变,将多彩色调转换为单色调。

案例效果:

案例效果如图 7-81 所示。

图 7-81　怀旧照片

操作步骤:

(1) 打开素材图片,按 Ctrl+J 键复制背景层,执行"图像"|"调整"|"黑白"命令,在弹出的对话框中选中"色调"复选项,得到黑白老照片效果,素材及调整效果如图 7-82 所示。

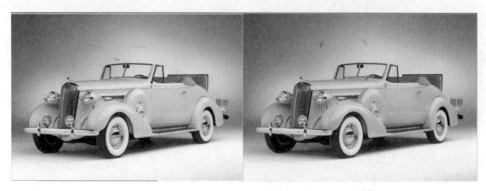

图 7-82　执行"黑白"命令效果图

（2）执行"图像"|"应用图像"命令，不做任何参数的修改直接单击"确认"按钮，得到如图 7-83 所示效果。该步骤相当于使用本图层对自身进行图层混合，由于默认图层混合方式为"正片叠底"，所以得到的结果比原图层更暗。

（3）执行"滤镜"|"艺术效果"|"胶片颗粒"命令，在弹出的对话框中选择"颗粒"效果，参数设置分别为 5 和 10，颗粒类型为垂直。执行效果如图 7-84 所示。使用该滤镜可以放映老电影时的黑白效果。

（4）执行"滤镜"|"风格化"|"扩散"命令，在弹出的"扩散"对话框中使用默认参数，得到

图 7-83　执行应用图像调暗图层

对图像的模糊效果，由于该命令执行效果太过强烈，执行"编辑"|"渐隐扩散"命令，输入参数值为 35％，将该效果进行一定的削弱（使用该命令得到照片放置时间较长的模糊效果），效果如图 7-85 所示。

图 7-84　颗粒滤镜执行效果图

图 7-85　"扩散"滤镜执行效果

（5）执行"图像"|"调整"|"曲线"命令，对图像整体亮度做细微调整，得到结果，效果和设置如图 7-86 所示。

图 7-86　曲线调整及最终效果及设置

7.3.4　人物皮肤美容

调整人物面部皮肤,祛斑并使皮肤光滑(专业用词称为磨皮)。

案例效果:

案例效果如图 7-87 所示。

操作步骤:

(1) 打开素材图,按 Ctrl+J 键复制背景层,"图层"面板及素材图如图 7-88 所示。

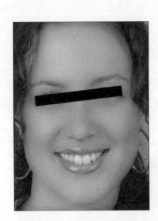

图 7-87　皮肤美容效果

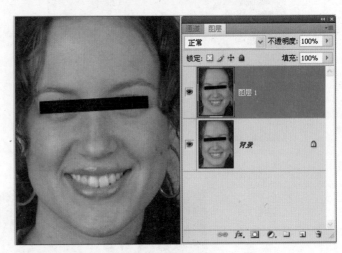

图 7-88　复制图层

(2) 单击"通道"面板,复制"绿"通道,选择复制的"绿"通道并执行"滤镜"|"其他"|"高反差保留"命令,设置半径为 9.5。该滤镜可以配合图层的混合模式来改善不清晰的照片,在该例中主要是突出增强面部斑点位置,执行效果如图 7-89 所示。

(3) 使用吸管工具选取面部灰色块,然后在图中用画笔涂抹眼睛、眉毛、嘴、头发等部分。该步骤目的是后面进行计算时这些部分不被计算到,执行效果如图 7-90 所示。

(4) 对涂抹后的"绿"通道副本,执行"图像"|"计算"命令,图层混合选项选择"亮光",通过该步骤的操作,可以更好地突出面部色斑部分。执行多少次该步骤视面部色斑情况而定,本例中执行两次该步骤。

(5) 按 Ctrl 键单击计算过的"绿"通道副本,得到选区(或者直接单击通道面板下方的载入选区按钮),按 Ctrl+Shift+I 键反选,然后单击 RGB 通道,回到"图层"面板,效果如图 7-91 所示。

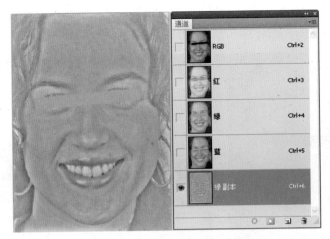

图 7-89 "绿"通道高反差保留效果图

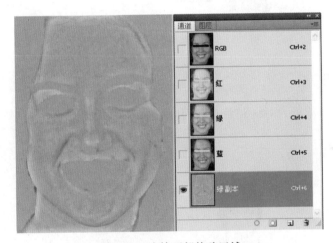

图 7-90 涂抹面部特殊区域

图 7-91 计算得到面部要修复选区

（6）单击"图层"面板下方的"添加调整层"按钮，在弹出的菜单中执行"曲线"命令，添加曲线调整层，向上拖动曲线调亮图像，得到结果，效果和设置如图 7-92 所示，如果效果不明显，还可以按 Ctrl＋Alt＋E 键盖印图层，对得到的盖印图层继续执行上述步骤，以得到更好的效果。

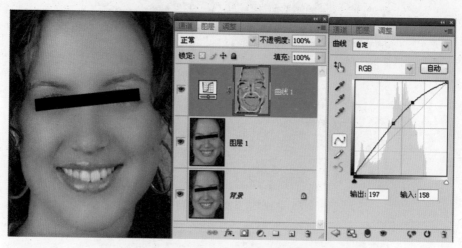

图 7-92　调整曲线得到最终效果图

7.3.5　变换衣服

随心所欲修改衣服颜色，练习"色相/饱和度"命令效果。

案例效果：

案例效果如图 7-93 所示。

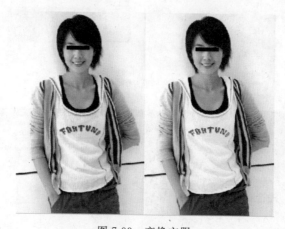

图 7-93　变换衣服

操作步骤：

（1）打开素材图，按 Ctrl＋J 键复制背景层，使用磁性套索工具，选择要修改的衣服区域。本步骤可修改裤子颜色。执行"选择"|"修改"|"羽化"命令，设定羽化值为5，执行"图像"|"调整"|"色相/饱和度"命令，选中"着色"复选框，按图 7-94 所示参数进行调节，调整完毕后按 Ctrl＋D 键取消选区。

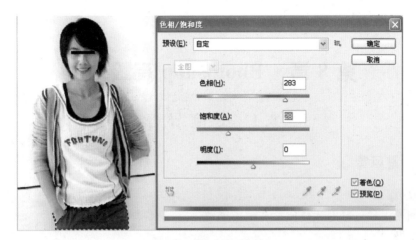

图 7-94　修改裤子颜色

（2）使用磁性套索工具（或者使用路径工具）选择 T 恤衫部分，同样执行"选择"|"修改"|"羽化"命令，设定羽化值为 5，执行"图像"|"调整"|"色相|饱和度"命令，选中"着色"复选框，按图 7-95 所示参数进行调节，调整完毕后按 Ctrl＋D 键取消选区。

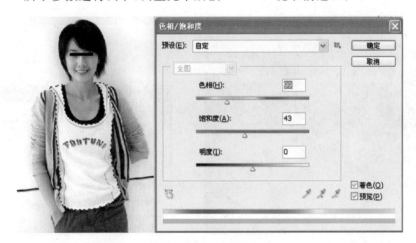

图 7-95　修改 T 恤衫颜色

（3）按照上述步骤方法修改外罩衣服颜色（色相 209、饱和度 31），得到最终效果如图 7-93 所示。

第8章　Photoshop 高级功能

8.1　案例导学

案例 8.1　暴风雪

案例分析：

本案例利用彩色范围选择命令和绘图笔效果、高斯模糊滤镜效果。

案例效果：

案例效果如图 8-1 所示。

操作步骤：

(1) 打开素材文件。

(2) 执行"编辑"|"填充"命令，在弹出的"填充"对话框中选择"50％灰色"，如图 8-2 所示。

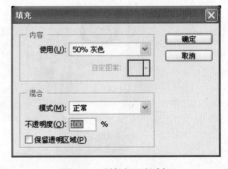

图 8-1　暴风雪效果　　　　　　　　　　图 8-2　"填充"对话框

(3) 设置前景色为黑色，背景色为白色，当前图层名称为"图层 1"，选择执行"滤镜"|"素描"|"绘图笔"命令，在弹出的"绘图笔"对话框中作如图 8-3 所示设置，效果如图 8-4 所示。

(4) 执行"选择"|"彩色范围"命令，将"选择"框设置为"高光"，如图 8-5 所示。

(5) 按 Delete 键删除选择的部分，效果如图 8-6 所示。

(6) 执行"选择"|"反选"命令，设置前景色为白色，背景色为黑色，使用前景色对所选区域进行填充。

(7) 取消选区，效果如图 8-7 所示。

(8) 执行"滤镜"|"模糊"|"高斯模糊"命令，在弹出的"高斯模糊"对话框中设置半径为1.5 像素，如图 8-8 所示。

(9) 最终效果如图 8-1 所示。

图 8-3 "绘图笔"对话框

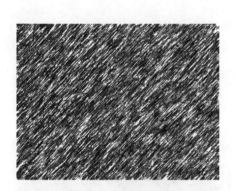

图 8-4 绘图笔效果

图 8-5 "彩色范围"对话框

图 8-6 删除高光部分效果

图 8-7 雪景初步效果

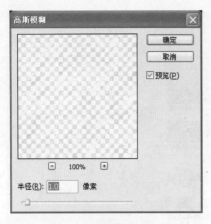

图 8-8 "高斯模糊"对话框

图 8-9 岩洞纹理

案例 8.2 岩洞纹理

案例分析：本案例利用滤镜效果制作钟乳石效果，主要使用云彩、分层云彩、风、高斯模糊和光照效果滤镜。

案例效果：

案例效果如图 8-9 所示。

操作步骤：

（1）执行"文件"|"新建"命令，新建一副 RGB 模式的空白图像文件。并设置前景色为黑色，背景色为白色。

（2）执行"滤镜"|"渲染"|"云彩"命令，效果如图 8-10 所示。

（3）执行"滤镜"|"渲染"|"分层云彩"命令，效果如图 8-11 所示。

图 8-10 云彩滤镜效果

图 8-11 分层云彩滤镜效果

（4）执行"图像"|"图像旋转"|"90 度（顺时针）"命令，效果如图 8-12 所示。

（5）执行"滤镜"|"风格化"|"风"命令，在弹出的"风"对话框中设置"方法"为"飓风"，"方向"为"从右"，如图 8-13 所示。

（6）执行"图像"|"图像旋转"|"90 度（逆时针）"命令，效果如图 8-14 所示。

（7）执行"滤镜"|"迷糊"|"高斯模糊"命令，在弹出的对话框中设置"半径"为 1 像素，效果如图 8-15 所示。

（8）执行"图像"|"图像旋转"|"90 度（顺时针）"命令。

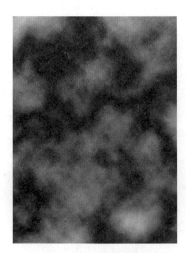

图 8-12　旋转图像效果

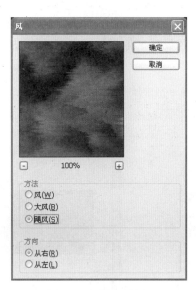

图 8-13　"风"对话框

图 8-14　风格化效果

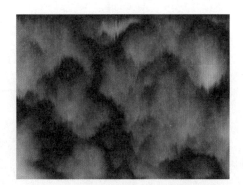

图 8-15　高斯模糊效果

　　（9）执行"滤镜"|"风格化"|"风"命令,在弹出的"风"对话框中设置"方法"为"飓风","方向"为"从右"。

　　（10）执行"图像"|"图像旋转"|"90 度（逆时针）"命令,效果如图 8-16 所示。

　　（11）执行"滤镜"|"模糊"|"高斯模糊"命令,在弹出的"高斯模糊"对话框中设置"半径"为 1 像素,效果如图 8-17 所示。

图 8-16　风格化效果

图 8-17　高斯模糊效果

（12）执行"滤镜"|"渲染"|"光照效果"命令，在弹出的"光照效果"对话框中按照图 8-18 所示进行设置。效果如图 8-19 所示。

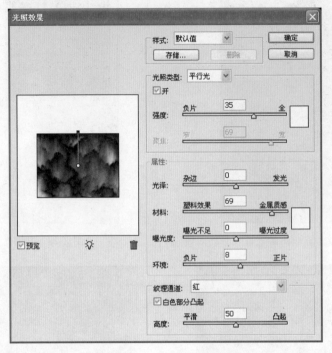

图 8-18　"光照效果"对话框

（13）执行"图像"|"调整"|"色相/饱和度"命令，在弹出的对话框中按照图 8-20 所示进行设置，最终效果如图 8-9 所示。

图 8-19　增加光照效果

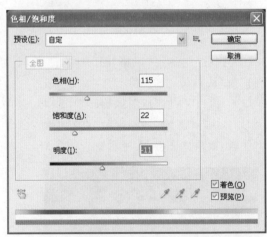

图 8-20　调整色相/饱和度

案例 8.3　折扇

案例效果：

案例效果如图 8-21 所示。

操作步骤：

（1）在 Photoshop 中新建一个 700×700 像素的图片，背景色为白色的文件。

（2）新建"图层 1"图层，在"图层 1"图层上拖曳一个长条选区。按 G 键选择工具箱中的油漆桶工具，并在选择栏中点选图案，用木质图案填充，如图 8-22 所示。

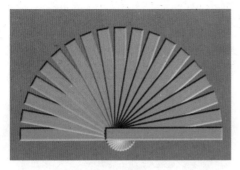 

图 8-21　折扇　　　　　　　　　　　　　　　图 8-22　骨架选区

（3）双击"图层 1"图层，打开"涂层样式"对话框，进行如图 8-23 所示的"斜面和浮雕"参数设置，效果如图 8-24 所示。

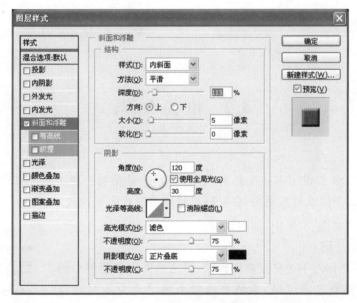

图 8-23　"图层样式"对话框

（4）调整扇片尺寸和位置至适中。

（5）打开"动作"面板，执行"新建动作"命令，在弹出的"新建动作"对话框中将其命名为"扇子骨架"，单击"记录"按钮，开始录制动作，如图 8-25 所示。

（6）复制"图层 1"图层，按 Ctrl＋T 键，拖动中心点到一边，设置旋转角度数为 10，按Enter 键确定，效果如图 8-26 所示。

（7）按"动作"面板上的停止键停止录制，单击"动作"面板播放键，扇片就会按要求自动复制，效果如图 8-27 所示。

（8）合并所有骨架图层，并对扇子的大小、位置做出合适调整，最终效果如图 8-21 所示。

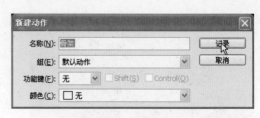

图 8-24　设置骨架浮雕效果　　　　　　图 8-25　新建动作

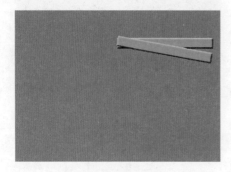

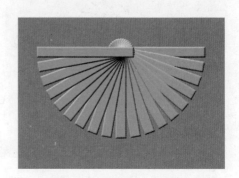

图 8-26　旋转骨架　　　　　　图 8-27　自动复制全部骨架

8.2　相　关　知　识

8.2.1　滤镜

Photoshop CS4 提供了多达十几类、上百种滤镜,使用每一种滤镜都可以制作出不同的图像效果,而将多个滤镜叠加使用,更是可以制作出奇妙和特殊效果。Photoshop CS4 提供的滤镜都放置在"滤镜"菜单中,如图 8-28 所示。

1. 滤镜作用范围

滤镜命令只能作用于当前正在编辑的、可见的图层或图层中的选定区域,如果没有选定区域,系统会将整个图层视为当前选定区域。

滤镜的使用方法与使用色彩调整命令调整图像色彩的方法一样,都是先选择菜单命令,然后在打开的对话框中通过调整参数来改变图像。

2. 常用滤镜

Photoshop CS4 提供了抽出、液化、图案生成器和消失点等 4 个简单滤镜。

(1)"抽出"滤镜。使用"抽出"滤镜可以将图像中特定区域精确地从背景中提取出来,因此可以将其看做是对绘制选区功能的补

图 8-28　"滤镜"菜单

充。现以更换人物的背景为例来介绍"抽出"滤镜的使用方法。

操作步骤如下。

步骤1：打开素材图像。

步骤2：执行"滤镜"|"抽出"命令，打开"抽出"对话框。

步骤3：选择边缘高光器工具，并在预览窗口沿人物边缘拖动绘制一个绿色的全封闭区域。

步骤4：选择填充工具，在绘制的绿色封闭区域内任意地方单击，此时封闭区域内会被填充半透明蓝色。

步骤5：单击"预览"按钮，此时预览窗口中会显示抽出后的人物图像。

步骤6：在"显示"下拉列表框中选择"显示白色杂边"使预览窗口中的透明区域显示为白色。

步骤7：分别使用清除工具在图像中有杂色的地方涂抹，直到人物图像外全部为白色显示为止。使用边缘修饰工具在图像中有缺失的部分涂抹，以修复缺失的图像。

步骤8：单击"确定"按钮，应用"抽出"滤镜，此时被抽出的人物独立显示在图像窗口。系统会将原背景图层转换为"图层0"，抽出图像外的部分被删除。

步骤9：打开要更换的背景图像。

步骤10：使用移动工具将"图层0"图层中的人物图像复制到背景图像窗口中，这样就完成为人物更换背景的目的。按Ctrl＋T键，对人物进行变形调整到合适大小，使用移动工具将人物调至合适位置。

步骤11：保存更换背景后的图像。

（2）"液化"滤镜。使用"液化"滤镜可以对图像的任何部分进行各种各样的液化效果的变形处理，如收缩、膨胀、旋转等，并且在液化过程中可对其各种效果程度进行随意控制，是修饰图像和创建艺术效果的有效方法。

对图像进行"液化"滤镜处理，首先要打开需要处理的素材图片，然后执行"滤镜"|"液化"命令，出现"液化"对话框，在对话框的右侧选择不同的液化工具，再到图像上进行涂抹等方式的操作就可得到想要的液化效果，液化类型如下。

① 变形工具：在图像预览中涂抹可使用图像中的颜色产生流动效果。

② 顺时针旋转扭曲工具：在预览框中按住鼠标左键不放，可使光标处图像产生顺时针旋转扭曲效果。

③ 褶皱工具：在预览框中按住鼠标左键不放，可使光标处图像产生向内收缩变形的效果。

④ 膨胀工具：在预览框中按住鼠标左键不放进行涂抹，可使光标处图像产生向外膨胀放大的效果。

⑤ 左推位移工具：在预览框中拖动鼠标，可使鼠标经过处的图像像素产生位移变形。按住Alt键的同时应用左推位移工具，则像素位移方向产生在拖拉的反方向。

⑥ 镜像工具：在预览框中涂抹，可使图像复制产生水平翻转并推挤变形的效果。

⑦ 湍流工具：在预览框中涂抹，可使图像产生波纹效果。

⑧ 重建工具：在预览框中已经液化处理过的区域按鼠标左键进行涂抹，可以去除液化效果，复原到原先的状态。

（3）"图案生成器"滤镜。使用"图案生成器"滤镜可以根据选取图像的部分或剪贴板中的图像来生成各种图案，其特殊的混合算法避免了在应用图像时的简单重复，实现了拼贴块彼此之间的无缝拼接。现以一例来介绍"图案生成器"滤镜的使用方法。其操作步骤如下。

步骤1：打开素材图像。

步骤2：执行"滤镜图案生成器"命令，打开"图案生成器"对话框。

步骤3：选择对话框左上角的矩形选框工具，在预览框中绘制一个区域作为图案生成器。

步骤4：单击"生成"按钮，得到图案平铺效果。

步骤5：单击"确定"按钮，将得到的图案平铺效果保存。

（4）"消失点"滤镜。使用"消失点"滤镜可以在选定的图像区域内进行克隆、喷绘、粘贴图像等操作时，使操作对象根据选定区域内的透视关系自动进行调整，以适配透视关系。

步骤1：打开素材图像。

步骤2：执行"滤镜"|"消失点滤镜"命令，弹出"消失点滤镜"对话框。

步骤3：在对话框的左上角选择创建平面工具，在预览视窗中大的石头旁不同的位置单击4次，以创建具有四个顶点的透视平面。

步骤4：选择编辑平面工具，拖动平面边缘的控制点，调整其透视关系。

步骤5：选择图章工具，然后按住Alt键的同时在透视平面内的石头上单击取样。

步骤6：移动鼠标到透视平面的右侧处单击，这样就将取样的石头复制到了单击处。重复取样在合适的位置复制第二块石头。

步骤7：单击"确定"按钮，将图像保存。

3. 滤镜库的设置与应用

在平常的平面处理中，只有部分滤镜被经常使用，为了便于快速找到并使用它们，开发商将它们放在滤镜库中，这样极大地提高了图像处理的灵活性、机动性和工作效率。

（1）认识滤镜库。执行"滤镜"|"滤镜库"命令，打开"滤镜库"对话框。

滤镜库提出了一个滤镜效果图层的概念，即可以为图像同时应用多个滤镜，每个滤镜被认为是一个滤镜效果图层，与普通图层一样，它们也可以进行复制、删除或隐藏等，从而将滤镜效果叠加起来，得到更加丰富的特殊图像。

（2）"画笔描边"滤镜。画笔描边类滤镜用于模拟不同的笔刷来勾画图像，产生绘画效果。该类滤镜提供了8种滤镜，全部位于滤镜库中。

①"喷溅"滤镜。"喷溅"滤镜模拟喷枪绘画效果，使图像产生笔墨喷溅的效果，好像用喷枪在画面上喷上了许多彩色的小颗粒。

②"喷色描边"滤镜。使用"喷色描边"滤镜可以使图像产生斜纹飞溅的效果。

③"墨水轮廓"滤镜。"墨水轮廓"滤镜模拟使用纤细的线条在图像原细节上重绘图像，从而生成钢笔画风格的图像效果。

④"强化的边缘"滤镜。"强化的边缘"滤镜可使图像中颜色对比较大处产生高亮的边缘效果。

⑤"成角的线条"滤镜。使用"成角的线条"滤镜可以使图像中的颜色按一定的方向进行流动，从而产生类似倾斜划痕的效果。

⑥"深色线条"滤镜。"深色线条"滤镜将使用短而密的线条来绘制图像中的深色区域，

用长而白的线条来绘制图像中颜色较浅的区域。

⑦"烟灰墨"滤镜。"烟灰墨"滤镜模拟使用蘸满黑色油墨的湿画笔在宣纸上绘画的效果。

⑧"阴影线"滤镜。"阴影线"滤镜可以使图像表面生成交叉状倾斜划痕效果。

（3）"素描"滤镜。"素描"滤镜用于在图像中添加纹理,使图像产生素描、速写及三维的艺术效果。该组滤镜提供了14种滤镜效果,全部位于滤镜库中。

①"便条纸"滤镜。"便条纸"滤镜模拟凹隐压印图案,使图像产生草纸画效果。

②"半调图案"滤镜。"半调图案"滤镜使用前景色和背景色在图像中产生网板图案效果。

③"图章"滤镜。"图章"滤镜用来模拟图章盖在纸上产生的颜色不连续效果。

④"基底凸现"、"塑料效果"和"影印"滤镜。"基底凸现"滤镜能使图像产生浮雕效果;"塑料效果"滤镜使图像产生塑料效果;"影印"滤镜能使图像产生影印效果。

⑤"撕边"滤镜。使用"撕边"滤镜可以用前景色来填充图像的暗部区,用背景色来填充图像的高亮区,并且在颜色相交处产生粗糙及撕破的纸片形状效果。

⑥"水彩画纸"滤镜。"水彩画纸"滤镜模仿在潮湿的纤维纸上涂抹颜色而产生画面浸湿、颜色扩散的效果。

⑦"炭笔"、"炭精笔"和"粉笔和炭笔"滤镜。"炭笔"滤镜模拟使用炭笔在纸上绘画效果,"炭精笔"滤镜模拟使用炭精笔绘画效果,"粉笔和炭笔"则模拟同时使用两者绘画的效果。

⑧"绘图笔"滤镜。使用"绘图笔"滤镜可以使图像产生钢笔画效果。

⑨"网状"滤镜。"网状"滤镜是使用前景色和背景色填充图像,产生一种网眼覆盖效果。

⑩"铬黄渐变"滤镜。"铬黄渐变"滤镜用于使图像中颜色产生流动效果,从而使图像产生液态金属流动的效果。

（4）其他滤镜的设置与应用

①"模糊"滤镜。模糊类滤镜通过削弱图像中相邻像素的对比度,使相邻像素间过渡平滑,从而产生边缘柔和、模糊的效果。执行"滤镜"|"模糊"命令,在弹出的子菜单中选择相应的"模糊"滤镜项。

- "动感模糊"滤镜。"动感模糊"滤镜通过对图像中某一方向上像素进行线性位移来产生运动的模糊效果。
- "平均"滤镜。"平均"滤镜通过对图像中的平均颜色值进行柔化处理,从而产生模糊效果,该滤镜无参数设置对话框。
- "形状模糊"滤镜。"形状模糊"滤镜可以使图像按照某一形状进行模糊处理。
- "径向模糊"滤镜。"径向模糊"滤镜可以使图像产生旋转或放射状模糊效果。
- "方框模糊"滤镜。"方框模糊"滤镜以图像中邻近像素颜色平均值为基准进行模糊。
- "特殊模糊"和"表面模糊"滤镜。"特殊模糊"滤镜通过找出并模糊图像边缘以内的区域,从而产生一种清晰边界的模糊效果。"表面模糊"滤镜则模糊边缘以外的区域。
- "模糊"滤镜。"模糊"滤镜将对图像中边缘过于清晰的颜色进行模糊处理,达到模糊效果,该滤镜无参数设置对话框。

- "进一步模糊"滤镜。"进一步模糊"滤镜与"模糊"滤镜对图像产生模糊效果相似,但要比"模糊"滤镜效果强3~4倍,该滤镜无参数设置对话框。
- "镜头模糊"滤镜。"镜头模糊"滤镜使图像模拟摄像时镜头抖动时产生的模糊效果。
- "高斯模糊"滤镜。使用"高斯模糊"滤镜将对图像总体进行模糊处理。

② 渲染类滤镜。渲染类滤镜主要用于模拟光线照明效果,该类提供了5种渲染滤镜,都位于"滤镜"|"渲染"菜单命令下。

- "云彩"滤镜。"云彩"滤镜通过在前景色和背景色之间随机地抽取像素并完全覆盖图像,从而产生类似柔和云彩效果,该滤镜无参数设置对话框。
- "分层云彩"滤镜。"分层云彩"滤镜产生的效果与原图像颜色有关,它不像"云彩"滤镜那样完全覆盖图像,而是在图像中添加一个分层云彩效果。
- "光照效果"滤镜。"光照效果"滤镜可以对图像使用不同类型的光源进行照射,从而使图像产生类似三维照明的效果。
- "纤维"滤镜。"纤维"滤镜将前景色和背景色混合生成一种纤维效果。
- "镜头光晕"滤镜。"镜头光晕"滤镜通过为图像添加不同类型的镜头,从而产生模拟镜头产生的眩光效果。

8.2.2　图像的自动化处理

在进行图像的编辑过程中,常常会遇到对某些图像的处理都有一个相同的过程,为了不重复操作这些过程中的每一个步骤,就可以利用"自动化"功能,将过程中的所有的步骤录制为一个"动作",利用这个"动作",就可以对这些图像完成相同的编辑处理。

"动作"中保存了有关操作的命令和参数,大多数命令和工具操作都可以记录在动作中。"动作"是以文件的形式来管理的,一个动作文件中又可以包含多个"动作"。

1. "动作"面板

"动作"面板是用来临时录制、执行、编辑和删除动作的。执行"窗口"|"动作"命令,即可显示"动作"面板,如图8-29所示。

图8-29　"动作"面板

(1) "切换对话开/关"按钮:在播放动作中的某一个命令时,显示此命令的对话框,此时用户可以根据具体的图像处理需要设置不同的参数值。是一个动作应用于不同图像的相似操作中。

(2) "切换项目开/关":激活或隐藏指定的项目,其中隐藏的项目将不被播放。

（3）"停止播放/记录"按钮：单击该按钮停止动作的播放与记录。

（4）"开始记录"按钮：将当前的操作记录为动作，应用的命令被录制在动作中，命令的参数也同时被录制在动作中。

（5）"播放选定的动作"按钮：播放当前选定的动作。

（6）"创建新组"按钮：创建一个新的动作序列。

（7）"创建新动作"按钮：创建一个新的动作。

（8）"删除"按钮：产出当前选取的动作。

2. 录制动作

利用"动作"面板，可以很方便地记录和使用自定义的各种"动作"。

3. 播放动作

要播放某一个"动作"，首先要选中"动作"，然后再单击"动作"面板底部的"播放选区"按钮，或者展开"动作"面板快捷菜单，执行"播放"命令即可。

如果希望从某个"动作"的某条命令开始播放，则先单击选中该命令，然后再单击"动作"面板底部的"播放选区"按钮。

必要时为了改变播放"动作"的速度和方式，可以弹出"动作"面板快捷菜单，从中选择"回放选项"命令，打开"回放选项"对话框，以选择相应的选项。

4. 修改动作

对录制好的"动作"，仍可以对其进行修改编辑。比如，再次记录、插入停止命令、添加新命令和修改动作属性等。

（1）再次记录。如果不想修改原有的"动作"命令，只想修改"动作"中的各个命令参数，就可以利用"动作"面板菜单中的"再次记录"命令来完成。

对于只修改单个的命令参数来说，直接双击"动作"面板中相应的命令，就可以打开该命令的参数设置对话框，在其中可以修改命令参数值。

（2）插入菜单项目。使用"插入菜单项目"面板命令可将许多没法录制的命令插入到当前动作中来，这些没法录制的命令包括：绘图和着色工具、工具选项、视图命令以及窗口命令。

插入菜单项目的位置可根据需要来定，若先选中"动作"名称，则菜单项目插到"动作"的最后；若先选中"动作"中的命令，则菜单项目插到该命令之后。

（3）插入停止。在录制"动作"时，某些操作不能被录制下来。为了弥补不足，可以在"动作"中插入停止命令。将来在执行该"动作"时，就会停止在此处，以便手工操作，操作完成后，再继续执行"动作"中的其余命令。

（4）添加命令。若觉得某个录制好的"动作"不够完善，需要再在其中增加命令，以达到希望的某种效果，就可以在现有的命令基础上添加进来所希望的命令。

（5）设置路径。由于录制"动作"时不能录制绘制路径的操作，使用"插入路径"命令可以将复杂的路径作为"动作"的一部分包含在其中。将来播放"动作"时，记录在"动作"之中的路径被设置为工作路径。

如果在单个"动作"中记了多个"插入路径"命令，则后面的路径都将替换图像文件中的前一个路径；若要在图像中添加多个路径，则需要在记录每个"插入路径"命令之后，还要插入一个"路径"面板快捷菜单中的"存储路径"命令。

（6）修改动作属性。若要对"动作"的属性进行修改，可以在"动作选项"对话框中进行。比如，更改动作的名称、键盘快捷键或按钮颜色。在"动作"面板中选中一个动作，再展开"动作"面板的快捷菜单，从中选中"动作选项"命令，就可以打开"动作选项"对话框。

（7）复制、删除、移动。

① 复制：选中需要复制的"动作"或"动作"中的命令，利用"动作"面板快捷菜单中的"复制"命令或者将其拖到"创建新动作"按钮上释放鼠标即可。

② 删除：选中需要删除的"动作"或"动作"中的命令，利用"动作"面板快捷菜单中的"删除"命令或者将其拖到"删除"按钮上释放鼠标。此时会出现一个提示对话框，需要确认一下。

③ 移动：如果想改变各个"动作"或者"命令"之间的前后顺序，在"动作"面板中直接用鼠标拖动选中的"动作"或者"动作"中的命令到适当的位置后释放鼠标即可。也可以将不同的"动作"文件中的命令相互移动。

5. 保存、载入、清除、复位以及替换动作

录制的"动作"只是自动存储在系统默认的文件夹中，为了使用方便，可以将录制的"动作"文件存储在系统的任何位置。但是，如果将该文件放置在 Photoshop CS4 程序文件夹内的 Presets\Photoshop Actions 文件夹中，则在重新启动 Photoshop CS4 程序后，该"动作"文件名称将显示在"动作"面板快捷菜单的底部，存储动作的步骤如下。

（1）在"动作"面板中选中新建的"动作"文件名称。

（2）单击"动作"面板右上角的"三角形"按钮，则可以展开"动作"面板快捷菜单，从中选择"存储动作"命令。

（3）在弹出的"存储"对话框中，为新建的"动作"文件命名，还可以选择存放文件的文件夹，然后单击"保存"按钮来保存新建的"动作"文件。

载入"动作"是在现有"动作"的基础上，把需要的"动作"文件加入到"动作"面板中来。有两种方法可以载入"动作"文件，一种是直接从"动作"面板快捷菜单底部选择一个"动作"文件（＊.atn 文件）；另一种方法是从"动作"面板快捷菜单中选择"载入动作"命令，再在"载入"对话框中定位并选择一种"动作"文件，单击"载入"按钮即可。

在"动作"面板快捷菜单中，还有以下的几个命令。

（1）清除全部动作：用来清除"动作"面板中的所有"动作"。

（2）复位动作：将"动作"面板恢复为默认动作文件。

（3）替换动作：可以选择一个"动作"文件替换"动作"面板中所有的"动作"文件。

8.3 上机练习

8.3.1 制作爱心钱币

案例效果：

案例效果如图 8-30 所示。

操作步骤：

（1）新建一个图像文件。

（2）选择油漆桶工具，对整个图像区域填充灰色。执行"滤镜"|"杂色"|"增加杂色"命令，产生麻点图案，执行"滤镜"|"模糊"|"动感模糊"命令，制作完成银币底纹。

图 8-30　爱心钱币效果

（3）使用工具箱中的椭圆选框工具，拖出正圆形。执行"选择"|"反选"命令，选择周围区域，按"Delete"键，将周围图像删除。

（4）制作完成银币外圈图案。

（5）制作"心形"选区，将"心形"选区拖动到图像窗口内。

（6）制作完成银币内圈的图案。

（7）增加"斜面和浮雕"图层效果。

（8）选择工具箱中的文字工具，输入文字"爱心银行"，调整到合适的位置，并为文字图层添加"斜面和浮雕"效果。

（9）最后效果如图 8-30 所示。

8.3.2 爆炸效果

案例效果：

案例效果如图 8-31 所示。

操作步骤：

（1）新建一个图像文件。

（2）使用"添加杂色"滤镜为画布添加噪点。

（3）使用"阈值"命令使噪点锐化。

（4）使用"动感模糊"滤镜初步制作爆炸的光芒。打开"动感模糊"对话框，在该对话框中将"角度"设置为 90，"距离"设置为 400 像素。将画面变为反色。

图 8-31　爆炸效果

（5）制作爆炸的轮廓。将前景色设置为白色，背景色设为黑色，然后使用"渐变工具"在"图层 1"绘制渐变效果，将"图层 1"的混合模式设为"滤色"。

（6）按 Ctrl+E 键合并图层。执行"滤镜"|"扭曲"|"极坐标"命令，在打开的"极坐标"对话框中选择"平面坐标到极坐标"。

（7）执行"图像"|"调整"|"色相/饱和度"命令，在打开的"色相/饱和度"对话框中选择"着色"复选框选择合适"色相/饱和度"。

（8）新建一个图层，执行"滤镜"|"渲染"|"云彩"命令，在画面上生成随机云雾的效果，如图 8-31 所示。